"十四五"土壤环境修复行业发展展望

孙　宁　张文博　侯德义　金远亮

等　编著

冯国杰　苗　竹　林星杰　楚敬龙

中国环境出版集团·北京

图书在版编目（CIP）数据

"十四五"土壤环境修复行业发展展望/孙宁等编著.
—北京：中国环境出版集团，2023.2
ISBN 978-7-5111-5370-8

Ⅰ. ①十… Ⅱ. ①孙… Ⅲ. ①土壤污染—生态修
复—研究—中国 Ⅳ. ①X530.5

中国版本图书馆 CIP 数据核字（2022）第 243119 号

出 版 人　武德凯
责任编辑　孔　锦
封面设计　岳　帅

出版发行　中国环境出版集团
　　　　　（100062　北京市东城区广渠门内大街 16 号）
　　　　　网　　址：http://www.cesp.com.cn
　　　　　电子邮箱：bjgl@cesp.com.cn
　　　　　联系电话：010-67112765（编辑管理部）
　　　　　　　　　　010-67112735（第一分社）
　　　　　发行热线：010-67125803，010-67113405（传真）
印　　刷　北京建宏印刷有限公司
经　　销　各地新华书店
版　　次　2023 年 2 月第 1 版
印　　次　2023 年 2 月第 1 次印刷
开　　本　787×960　1/16
印　　张　7.75
字　　数　96 千字
定　　价　59.00 元

中国环境出版集团郑重承诺：
中国环境出版集团合作的印刷单位、材料单位均具有中国环境标志产品认证。

编 委 会

主　编　孙　宁

副主编　张文博　彭小红　冯国杰

编　委　丁贞玉　呼红霞　徐怒潮　刘锋平

（生态环境部环境规划院）

金远亮　王轶冬　侯德义　秦牧涵

（清华大学）

苗　竹　倪鑫鑫　金　勇　朱湖地

（北京高能时代环境技术股份有限公司）

林星杰　楚敬龙　陈　斌

（矿冶科技集团有限公司）

前　言

　　自 2016 年《土壤污染防治行动计划》实施以来，围绕保障农产品质量安全和人居环境安全，国家颁布实施了《中华人民共和国土壤污染防治法》，土壤污染防治各项工作取得积极成效，但我国土壤污染防治工作起步较晚，各项工作基础较弱，土壤污染风险管控形势依然严峻。为深入贯彻落实习近平生态文明思想，助力建设"美丽中国"，打好净土保卫战，亟须系统总结当前土壤污染防治工作进展，并展望未来一段时期内土壤污染防治重点方向。

　　本书基于国际、国内土壤地下水修复行业发展现状，对土壤修复行业（含矿山生态环境修复行业）在政策制度、行业市场、技术装备等方面存在的问题进行了全面分析，重点对咨询服务和修复工程市场近 5 年的发展变化特征进行了统计分析。深入剖析了土壤修复行业中长期发展形势、发展机遇和发展驱动力。在此基础上，对"十四五"时期行业政策和标准规范发展趋势、行业发展规模与行业格局态势、咨询服务和修复工程业务的发展方向以及行业国际化发展趋势进行了展望。以期助推土壤修复行业技术创新、商业模式创新，进一步优化产业生态系统。

　　本书的编写工作主要由生态环境部环境规划院牵头组织，会同北京高能时代环境技术股份有限公司、清华大学、矿冶科技集团有限公司共同完成。本书共 5 章，第 1 章由侯德义、金远亮、王轶冬、秦牧涵编写；第 2 章由孙宁、徐怒潮、张文博、金勇、李淑彩、倪鑫鑫、李静文编写；第 3 章由林星杰、楚敬龙、陈斌编写；第 4 章由刘锋平、张文博、彭小红编写；第 5 章由孙宁、金远亮、冯国杰、朱湖地、苗竹和孙炜编写。全书由孙宁、张文博负责统稿与审核。

本书可供生态环境管理部门、科研机构、环保企业、投资机构等使用，也可为全面了解我国土壤环境修复行业市场、开展土壤环境管理和社会投资提供参考与借鉴。

书中难免存在不足之处，敬请广大读者批评指正！

编委会

2022 年 12 月

目　录

1

国际土壤和地下水污染修复行业发展及经验借鉴

1.1　发展阶段及趋势分析

1.1.1　发展阶段

20 世纪 70 年代以来，全球土壤和地下水污染修复行业快速发展。早期修复行业主要关注危险废物的处理、运输和处置，而目前已发展成为覆盖土壤、地下水、沉积物，乃至特殊废物处置的综合性行业。基于历年代表性国家的修复产值和项目规模，全球土壤和地下水污染修复行业发展大致可划分为三个阶段。

第一阶段：1980—1995 年，全球修复行业的起步与发展阶段。该阶段以美国为主导，修复市场规模不断扩大并初步构建了行业的从业规范。全球修复市场形成最早的开端是 1979 年拉夫运河（Love Canal）事件和 1980 年美国《超级基金法案》（CERCLA）的颁布。1982—1991 年，美国超级基金每年的修复项目数由 9 个增至 361 个，增长了约 39 倍[1]。为适应修复行业发展需要，美国国家环境保护局（US EPA，以下简称美国环保局）分别颁布了地下储罐（UST）、资源回收与回收法（RCRA）等一系列法案以明确从业者和监管部门的职责。除美国环保局以外，美国国防部和能源部分别承担起军事活动和核能相关活动所致污染场地的修复工作，其总资金量可与超级基金比肩[2]。另外，在联邦法令的要求下，由污染责任方主导的州辖属污染场地的修复也在市场上占据一席之地。与此同时，英国、法国等国家的污染场地修复问题逐步得到关注，如英国颁布了《环境保护法案》（1990）：第 2A 部分等，荷兰、德国等分别制定了《土壤保护法案》（1987）和《联邦土壤保护法》（FSPA）（1998）等[3]。在此期间，一些历史遗留的工业污染问题，如德国鲁尔区的环境整治等项目的开展[4]，促进了欧洲修复市场的发展和完善。全球范围内的修复市场金额逐年增长，由 1982 年的 9 亿美元增至 1995 年的 65 亿美元，增长 6 倍多[5]，这主要来源于美国修复行业的贡献。针对在产企业的管理，欧美国家（地区）逐步形成了完整的管理框架，如美国环保局在《污染防治法》（PPA）和《清洁空气法》（CAA）中提出了企业减少污染源的策略，并对有毒有害物质的排放实施许可证制度。英国制定了为企业或业主针对可能造成土地污染的项目提供指导的建议性文件，并实施环境许可证制度管控在产企业风险。

第二阶段：1995—2005 年，该阶段特点表现为全球土壤和地下水污染修复行业出现，美国修复市场逐步萎缩，而欧洲修复市场逐步兴起，全球修复市场总体增长平稳但部分市场份额向欧洲转移[5]。1995 年，作为超级基金资金来源的 3 个税种到期，超级基金的经费日趋匮乏。同时，受限于超级基金严格的责任制度等因素，美国超级基金的修复项目数量逐年下降。与 1995 年相比，2005 年的修复项目数减少了 123 个，降幅达 55%[4]。另外，以英国为代表的欧洲国家土壤和地下水污染修复行业逐步发展起来。在此期间，除美国以外的主要发达国家修复项目数量快速增长，如英国1995—2005年的修复项目增加了112个[6]。

第三阶段：2005年以后，这个阶段的特点是发展中国家（如中国、印度等）修复行业开始起步并迅速增长，成为推动全球修复行业发展的新兴力量。中国土壤和地下水污染修复行业发轫的标志性事件为2004年的"宋家庄地铁站中毒事件"。到2019年，修复项目规模达476个[7]。在此期间，尽管美国多次对《超级基金法案》进行修订并颁布了《纳税人减税法》（1996）、《小企业责任减免与棕色地带复兴法》（2002），但每年的修复项目数量缓慢下降并趋于稳定。2005—2017年，美国超级基金每年的修复项目数由113个减少到64个，降低43%。欧洲地区在此期间的修复项目数年平均约为24个[8]。同期，全球修复市场总体上开始逐步上升，12年间修复市场份额由64亿美元增至约91亿美元，增长了约42%[5]（图1-1）。

图 1-1　1980年以来美国和中国修复项目变化及修复市场值[1,5]

历数全球土壤和地下水污染修复行业的发展，项目需求、经济增长，以及技术和管理创新是驱动行业发展及其演化的关键因子[9]。

首先，推动全球修复行业发展的首要动因是公众对一些大型污染事件的普遍关注。如美国拉大运河事件、日本富山事件、中国常州外国语学校污染事件、印度博帕尔事件等均在全球范围内引起普遍关注，从而间接推动了修复行业的发展。

其次，污染地块修复的首要驱动力是世界各国均面临的大量污染地块修复需求。据统计，美国超级基金确定的污染地块数量约为 45 万块，欧盟记录的污染地块数量达 34.2 万块，而中国受污染的农田和工业场地约有数百万公顷[10]。大量污染地块分布于城市周边等人口密集地段，造成了环境和公众健康安全隐患。

再次，刺激当地经济增长的需求是推动污染地块进行修复的正向拉力。20 世纪 80 年代以来，西方国家普遍存在城市中心区衰落的逆城市化现象，中心城区原有工业迁出后往往伴随着环境污染严重、经济贫困、犯罪率升高等问题[11]。地方政府通过对污染场地进行修复后促进对废弃土地的再开发，来实现城市经济复兴[12]。因此，修复行业成为刺激当地经济增长的重要手段。

最后，修复技术的不断进步和创新则进一步刺激了修复市场规模的扩大[13]。对于全球修复行业的不断发展，保证公众健康和发展地区经济是早期修复行业发展的直接动因，经济增长诱因和相关政策制度的完善是修复行业不断扩张的动力，技术进步与修复行业的快速发展将形成一个正向的反馈效应。

1.1.2　发展趋势

未来国际修复行业的发展将在已有的基础上出现一些新的变化趋势，主要表现在以下几个方面：

首先，全球土壤和地下水污染修复行业总体上将持续增长，热点区域将从欧美等发达国家和地区转移到以中国和印度为代表的发展中国家和地区。

其次，修复的平均成本将显著降低。目前，制约修复行业发展的关键限制因子还是地块修复的高昂成本。近年来，随着修复技术的革新，大量低成本修复材料、先进修复工艺的应用，以及管理制度的革新等均会显著降低修复成本，扩大市场规模。

再次，修复技术研发到市场应用的周期将进一步缩短，面向市场应用的修复技术研发力度将进一步加大。近20年来，关于修复技术的国际专利数量增长了数十倍，其中，比较成功的应用案例就是微生物修复技术，实现了从试验研究到市场化的应用。

最后，强调管理和技术创新的绿色可持续修复将成为国际修复界的主流[14,15]。在美国，场地修复经历了从20世纪70年代中期的仅关注成本、80年代的技术可行性研究和90年代基于风险的决策方式，到2000年以后逐步发展形成了绿色修复的方式[15]。欧洲的场地修复更注重综合考量环境和社会经济综合影响的可持续修复方式。近年来，美国、加拿大、巴西、哥伦比亚、意大利、荷兰、英国、澳大利亚及新西兰等国家逐步建立了绿色可持续修复的相关技术标准和项目示范，在全球土壤和地下水污染修复行业市场发展中占据了越来越重要的地位。对于地下水修复，欧美国家和地区对监测自然衰减的使用接受程度逐渐增加。针对重污染区的彻底治理与轻污染区的监测自然衰减相结合的综合性修复方式具有良好的应用前景。

1.2 全球修复市场规模分析

美国在全球最早开展土壤和地下水污染修复，也是现阶段修复数量和市场份额最大的国家。统计显示，2010 年全球的修复市场总额约为 377 亿美元[16]。其中，美国占 33%，达 124.4 亿美元；其次是西欧国家和地区，共占 24%；再次是日本和中东地区，分别占 13%和 11%。其余（亚洲①、非洲和加拿大、澳大利亚和新西兰等国家和地区）占比均在 5%以下。2000—2010 年，美国和西欧国家和地区的市场份额分别降低 5.5%和 3.8%，中东地区和亚洲的增幅最大，分别增长 5.1%和 3.6%。在西欧国家和地区中，市场份额占据最大的是德国和荷兰，分别占西欧总体修复市场的 21.63%和 20.53%[17]。近年来中国的修复市场行业发展迅速，截至 2018 年，工业企业场地的修复项目数达 200 个，项目年资金量达 60.6 亿元[7]，在全球修复市场份额中占据了越来越重要的位置。

另外，全球范围内尚需开展的土壤和地下水修复项目数量巨大，具有相当市场潜力。根据美国超级基金的统计，在国家优先事项清单上列出的 1 723 个地点中，仅有 20%的场地被美国环保局永久移除[5]。在欧盟 28 个成员国中，目前统计有 12.5 万个地块需要修复，累计完成 6.55 万个地块的修复[8]。此外，发展中国家的修复行业刚起步，2005 年至今中国累计完成了 476 个污染地块的修复工作，但与估计的约 30 万块污染地块相比仅占其中很小的一部分。因此，未来市场发展的潜在需求巨大。

在修复市场的技术供给方面，全球修复市场供需不平衡的现象突出。2019 年在全球 200 强环境治理公司中，涉及土壤和地下水修复行业的企业

---

① 不含日本和中东部分国家和地区，下同。

有 135 家，其中美国企业达 125 家，约占 93%[18]。其余环境修复企业中，澳大利亚企业有 3 家，荷兰和加拿大企业均有 2 家，德国、意大利、英国企业均有 1 家（图 1-2）。除专门从事修复行业的公司以外，不少世界 500 强

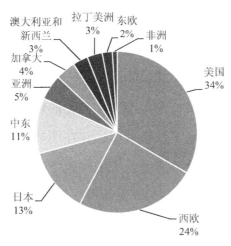

（a）2010 年全球各国家和地区修复市场份额

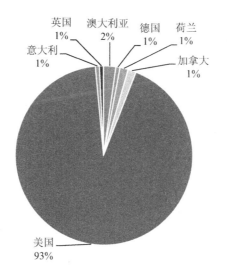

（b）2019 年土壤和地下水修复从业企业 200 强占比

图 1-2　世界主要发达国家和地区修复市场分布格局

企业还专门成立了相关的修复团队和部门对其所属污染场地进行风险管理。例如，作为世界 500 强企业之一的杜邦公司在总部专门设立了修复团队（Corporate Remediation Group，CRG），以基于风险管理的方式来指导杜邦公司在全球数十个污染场地每年的修复和风险管控。2019 年，中国土壤修复和环境修复的从业企业数量高达 3 830 家，相比 2016 年增加了 1.5 倍，但多数为中小型企业[7]。全球主要的修复行业企业和技术装备企业均集中在美国，相较而言，中国等发展中国家面临的修复治理问题更为严峻。因此，全球范围的土壤和地下水修复市场存在明显的供需不平衡现象。在技术供给方面，目前在全球范围内为土壤和地下水污染修复行业提供技术支持的企业有 58 家。修复技术支持企业主要集中在美国，有 51 家，占总企业数的 87.9%[18]；其余企业在英国、澳大利亚、加拿大等发达国家。

1.3 技术与装备分析

基于美国超级基金1982—2017年污染地块名录统计信息[1]和欧洲土壤数据中心数据[19]（表 1-1），我们对全球重点修复市场中的重点土壤和地下水修复技术进行了分析。

表 1-1　全球土壤和地下水修复常用技术及装备分析

技术种类		适用污染物***	所占比例（美国）**/%	所占比例（欧洲2012）**/%	所占比例（欧洲2006）**/%	装备技术进步	优点***	缺点***
土壤修复	原位生物修复	石油烃、溶剂、农药等有机污染物	4.37	11.27	22.19	菌株进步：如 DELTA 公司研发的 Biologix 微生物降解菌剂（假单胞菌属），Provectus 公司研发的 ABRTM 好氧生物修复剂、CH4™ 产甲烷菌抑制剂和 ERD/ISCR 添加剂，PeroxyChem 公司研发的 GeoForm™试剂	操作简便、对周围环境干扰少、成本较少、不产生二次污染	修复能力有限、无法处理毒性较大的污染物、受环境影响较大
	原位化学氧化/还原	苯系物、氯代烃、多环芳烃、甲基叔丁基醚、酚类、农药等多种有机污染物	1.63	12.43	14.76	药剂进步：如 Remington 公司的 COGAC™化学氧化颗粒活性炭，Provectus 公司的 Provect-OX™药剂；注入技术进步：注入方式由注入井转变为直压式注入和高压-旋喷式注入	去除污染物种类多、修复周期短、能加强污染物解吸和 NAPL 的溶解	土壤中存在的氧化还原性物质会消耗大量氧化剂影响修复效率、存在降解副产物问题、可能会造成二次污染

技术种类	适用污染物***	所占比例(美国)** /%	所占比例(欧洲2012)** /%	所占比例(欧洲2006)** /%	装备技术进步	优点***	缺点***
土壤修复 原位热脱附	含氯有机物、苯系物、石油烃类、汞、多氯联苯、二噁英等污染物	3.91	1.44	6.13	装备进步，加热电极不断模块化、自动化，模块化程度不断提升，如McMillan-McGee公司开发的电动力热动力剥离原位修复技术、尼尔森公司的移动式间接/直接土壤热脱附修复技术	适用于各类土壤，能处理污染较深的场地，技术模块化规模化地修复，工程周期短，不造成二次空气污染	设备投入较大，在高含水率情况下运行费用高，无法处理不发的污染物
原位固化/稳定化	金属类、石棉、放射性核化合物、砷无机物等	6.46	—	—	药剂进步：如Regenesis公司的重金属修复化学药剂MRC®	实施周期短，达标能力强，适用于多种性质的污染物的污染土，修复成本低，处理后土壤的结构和性能得到改善	无法去除污染物，难以预见污染物的长期行为，可能会增加污染土壤的体积，需要长期监测与维护
气相抽提	挥发半挥发性有机污染物	11.77	—	—	技术进步：在传统气相抽提基础上应用了定向钻井、气动和水力压裂以及热力增强技术	成本低，可操作性强，处理有机物的范围宽，不破坏场地土壤结构，不引起二次污染等	无法处理地下水中的污染物，对于修复透系数较低的土壤处理效果不好，对于修复透系数变化较大/分层较大的土壤处理效果不好

技术种类		适用污染物***	所占比例（美国）**/%	所占比例（欧洲2012）**/%	所占比例（欧洲2006）**/%	装备技术进步	优点***	缺点***
土壤修复	土壤阻隔技术	重金属、有机物及重金属有机物复合污染土壤的阻隔填埋	15.42	—	—	*	可防止污染物移动扩散、改变局部的地下水流模式、有效缩短治理修复周期	非处理方式，设置费用高，适用于小地块，有潜在渗漏及移动风险
	异位生物修复	燃料碳氢化合物、卤代VOC、SVOC和杀虫剂等污染物	3.76	17.74	20.07	同原位生物修复	快速、安全、费用低	条件严格，不宜用于治理重金属污染
	异位氧化/还原	苯系物、氯代烃、多环芳烃、甲基叔丁基醚、酚类、农药等多种有机污染物	1.56	13.74	16.41	同原位氧化还原	反应周期短、修复效果可靠，在国外已形成较完善的技术体系，应用广泛	对于浓度较大的污染物，存在降解副产物，能会造成二次污染
	异位热脱附	挥发及半挥发性有机污染物和汞	2.32	15.07	5.00	同原位热脱附	处置彻底、修复时间较短	设备投入较大、高含水率情况下运行费用高、无法处理不挥发的污染物

技术种类		适用污染物***	所占比例（美国）**/%	所占比例（欧洲）**/2012)**/%	所占比例（欧洲）**/2006)**/%	装备技术进步	优点***	缺点***
土壤修复	异位固化/稳定化	金属类、石棉、放射性砷化等无机物；农药除草剂、石油、多环芳烃类等有机化合物	11.70	—	—	同原位固化稳定化	实施周期短，达标能力强，适用于多种性质稳定的污染物的污染，成本低、修复后土壤的结构和性能得到改善	无法销毁或去除污染物，难以预见污染行为，可能会增加污染土壤的体积（增容），需要长期监测与维护
	水泥窑协同处置技术	有机污染重金属及	8.74	—	—	技术进步：焚烧过程在传统回转窑、流化床的基础上发展了循环床燃烧器、红外燃烧技术	能够处理浓度较高的污染物甚至处理危险废物、处理彻底	成本较高，某些金属可以与进料流中的其他元素反应形成更具挥发性和毒性的化合物
地下水修复	生物修复	非卤代挥发半挥发有机物和燃料、农药等污染物	13.42	12.77	12.13	同土壤修复原位生物修复	就地处理，操作简便，对周围环境干扰小，成本较低、不产生二次污染	修复能力有限，无法处理毒性较大的污染物，受到环境影响较大

技术种类		适用污染物***	所占比例（美国）**/%	所占比例（欧洲2012）**/%	所占比例（欧洲2006）**/%	装备技术进步	优点***	缺点***
地下水修复	原位氧化/还原	苯系物、氯代烃、多环芳烃、甲基叔丁基醚、酚类、农药等多种有机污染物	6.98	19.49	28.85	同土壤修复原位氧化/还原	可去除多种污染物、修复周期短、能加强污染物溶解和NAPL的溶解	土壤中存在的氧化/还原性物质会消耗大量氧化剂影响修复效率，存在降解副产物问题，可能会造成二次污染
	抽出处理	吸附效果较差的污染物	64.36	59.74	40.51	技术进步：改变抽水方法，如使用脉冲式抽水或变流量抽水；与其他技术联用，如与生物修复技术等联用，气相抽提技术等联用	技术成熟、能够有效控制污染源，可联合其他多种修复技术进行处理	对重度污染地下水治理周期时间较长，设备操作维护成本较高，受地质污染物因素影响较大，可能会产生拖尾或反弹现象
	多相抽提	易挥发、易流动的非水相液体（如汽油、柴油、有机溶剂等）	1.09	—	—	*	可以同时处理多相污染物，与传统系统相比，抽提半径更大，能有效地修复、毛细区的NAPL，修复时间较短	系统结构复杂，操作难度较大，不适用于渗透性很差的污染场地，修复能力有限，可能无法在规定时间内达到修复终点

注：* 数据不足。

** 美国数据来自EPA，Superfund remedy report 16th edition；欧洲数据来自ESDAC，2013，Progress in the management of contaminated sites in Europe，European Soil Data Centre。

*** 适用污染物来源于（1）EPA，2020. Remediation technologies for cleaning up contaminated sites[20]；（2）生态环境部，污染场地修复技术目录。

在不同国家的土壤和地下水修复技术选择中，美国倾向于短周期、低污染的修复技术（如土壤阻隔技术、生物修复、异位固化/稳定化和气相抽提技术），而欧洲以固化/稳定化、原位生物修复和原位氧化/还原方法为主。在美国超级基金项目中，土壤阻隔技术和异位/原位固化/稳定化技术所占比例超过30%，气相抽提技术应用比例达11.77%。一方面，修复周期较短、成本较低的技术在美国接受程度较高；另一方面，与美国污染场地的种类相关。在美国，涉及重金属的污染场地占比为75%，涉及氯代烃和芳香烃的污染场地占比分别为49%和47%[1]。异位固化/稳定化主要针对重金属污染，而气相抽提技术主要针对挥发有机物污染，技术应用比例与污染地块比例一致。欧洲的技术种类相对单一，异位/原位固化/稳定化、生物处理和异位/原位氧化/还原的方法为土壤修复的主流。通过比较欧洲2006年和2012年的数据可以看出生物法的占比显著增加，表明在土壤修复领域可持续性、对环境影响小的修复方法得到推广。在地下水修复技术中，抽出处理由于其技术成熟、能够有效控制污染源、可与其他多种修复技术联用的特点，在美国和欧洲都是广泛应用的地下水修复技术。此外，异位生物修复和异位/原位氧化/还原的方法在地下水修复中依然是主流的技术。

不同发展阶段的土壤和地下水修复技术选择显示出原位、低成本、短周期、低影响的环境友好技术手段是全球修复行业技术的发展趋势。针对美国超级基金1982—2017年的土壤和地下水修复技术选择研究[1]，分为第一阶段（1982—1995年）、第二阶段（1996—2005年）、第三阶段（2006—2017年）三个时间段（表1-2）。近年来，原位氧化/还原由20世纪80年代的0.15%增长到6.97%，原位热脱附技术应用比例约增长了3%，与此同时，异位生物修复和水泥窑协同处置技术分别降低了约3%和13%。土壤修复技术的应用演变显示出高影响、长周期的异位生物修复、异位热脱附处置技术显著减少，具有较低环境影响的原位技术在土壤修复中应用更加广泛。在地下水修复技术中，生物修复、原位氧化/还原技术比例分别提高了25%和18%，抽出处理技术比例由早期的88.54%降至30.57%。地下水修复技术的应用演变显示，其随着技术的发展而逐渐成熟，传统的抽出处理已逐步被取代，修复技术的选择更多样化。

表1-2　美国修复技术阶段应用比例　　　　　　　单位：%

修复类别	技术种类	第一阶段比例	第二阶段比例	第三阶段比例
土壤修复	原位生物修复	2.79	6.89	5.14
	原位氧化/还原	0.15	0.41	6.97
	原位热脱附	3.32	3.58	6.06
	原位固化/稳定化	4.60	9.64	7.16
	气相抽提	9.65	15.84	12.29
	土壤阻隔技术	14.40	15.70	18.53
	异位生物修复	4.45	4.41	1.47
	异位氧化/还原	1.51	2.07	1.10
	异位热脱附	2.19	3.99	0.55
	异位固化/稳定化	12.59	11.43	10.64
	水泥窑协同处置技术	15.31	5.65	1.83
地下水修复	生物修复	4.75	9.19	30.57
	原位氧化/还原	1.27	1.91	20.55
	抽出处理	88.54	62.05	30.57
	多相抽提	0.23	1.39	2.07

数据来源：EPA，Superfund Remedy Report（16th Edition）。

40年来，修复技术的进步和市场化应用进一步推动了相关配套修复装备的发展，推动了修复行业的扩张。近年来，由于生物修复技术的不断推广，促进了相关微生物菌株的改进。如 DELTA 公司研发的 Biologix 微生物降解菌剂使用假单胞菌属[1]，该菌属具有繁殖快、性能稳定、无毒无害等特点，能够高效地将石油中的碳氢化合物和有毒有机物等分解为无毒副产物；Provectus 公司研发的 ABRTM 好氧生物修复剂、CH_4^{TM}、产甲烷菌抑制剂和 ERD/ISCR 添加剂[2]，PeroxyChem 公司研发的 GeoForm^{TM} 试剂等[3]，具有高效、安全、低成本的特点。异位/原位氧化/还原和异位/原位固化/稳定化技术，修复使用的相关药剂不断得到研发和应用，如 Remington 公司的 COGAC^{TM} 化学氧化颗粒活性炭[4]，结合了活性炭强吸附能力和过硫酸钠、过氧化钙强氧化性的特点，具备了更长效的氧化作用；Provectus 公司的 Provect-OX^{TM} 药剂[5]是目前市场上唯一一种带有自循环机制的药剂；Regenesis 公司的重金属修复化学药剂 MRC[6]，能够在地下水中以可控的方式逐渐释放，同时加强生物作用。针对异位热脱附、气相抽提、水泥窑协同处置和抽出处理技术，主要的装备技术进步在于方法和设备的进步，异位热脱附技术加热电极效率不断提升，自动化、模块化程度不断提升，如加拿大 McMillan-McGee（MC2）公司开发的电热动力剥离法原位修复技术[7]、NELSON 公司的移动式间接/直接土壤热脱附修复技术[8]；水泥窑协同

---

① DELTA Remediation，BIOLOGIX TECHNOLOGY，http：//deltaremediation.com/biologix-technology/.

② Provectus Environmental Products，https：//www.provectusenvironmental.com/technologies/.

③ PeroxyChem，https：//www.peroxychem.com/markets/environment/soil-and-groundwater/products/geoform-reagents.

④ Remington Technologies，COGAC™（Chemically Oxygenated Granular Activated Carbon）.

⑤ Provectus Environmental Products，https：//www.provectusenvironmental.com/technologies/.

⑥ Regenesis Ltd.，Metals Remediation Compound，https：//regenesis.com/en/remediation-products/metals-remediation-compound-mrc/.

⑦ McMillan-McGee，Electro-Thermal Dynamic Stripping Process，https：//www.mcmillan-mcgee.com/.

⑧ Nelson Environmental Remediation，Direct Fired Thermal Desorption，https：//www.nerglobal.com/services/direct-thermal-desorption/.

处置技术焚烧过程在传统回转窑、流化床的基础上发展了循环床燃烧器、红外燃烧技术[20]；抽出处理技术可通过改变抽水方法，如使用脉冲式抽水、可变流量抽水或与其他技术联用（如生物修复、气相抽提技术）等不断提升抽出效率。

1.4 典型修复项目

（1）典型土壤有机物污染场地：美国克罗斯比项目

在美国约 45 万个污染场地中，约有一半被认为受到了石油的影响，其中大部分是由于旧加油站的地下储罐（UST）泄漏造成的。根据美国超级基金统计，49%的土壤污染场地中含有氯代挥发有机物（所占比例为第 2），多环芳烃占 47%（所占比例为第 3），苯系物占 37%（所占比例为第 4），有机污染场地比例较大，在此选择美国亚利桑那州萨默顿的地下储油罐泄漏站点场地修复项目作为案例进行分析。

美国亚利桑那州萨默顿的地下储油罐泄漏站点位于尤马县的市区，距离凤凰城西南约 314 km，该站点在 20 世纪 80 年代被前业主用作零售加油站，1987 年发生了未知数量的汽油从地下储油罐泄漏到土壤和地下水中的事件。抽出处理和气相抽提系统由责任方在 90 年代实施，然后在没有成功完成的情况下终止。责任方宣布破产，财产被出售给现业主。2006 年，新业主请求州领导协助完成纠正行动。该场地岩性在从地表到地表以下 2.1～3.4 m 为黏土组成，在黏土层以下至少 7.6 m 的深度，观察到细粒、松散和均匀的河沙层。该站点的地下水水位通常在 3.1～3.4 m，因此，得出地下水污染是该场地修复的主要问题。地下水中的受关注化学品（COC）是高浓度的苯、甲苯、乙苯和二甲苯（BTEX）。该场地共安装了 9 口地下水监测井来描绘该地下水羽流。据估计，受污染的物质会扩散到约 762 m² 的区域，大多数污染物存在于源区域内和周围，周围几口井的 COC 浓度较低，但仍高于含水层水质标准。2007 年年初的地下水水位下降 0.9 m，降至约 4.0 m，这导致在 3 个监测井中出现自由相。

该项目选择了气相抽提（SVE）和化学氧化的方法，氧化剂为臭氧。2007 年 2—5 月，在启动之前手工取出自由相。SVE 系统和臭氧系统于 2007 年 5 月下旬启动。SVE 系统以约为 2.78 m³/min 的流量运行，流量后来降低到 1.13 m³/min。臭氧注入设备将臭氧和空气的混合物注入井中，一次持续 1 h，称为一次"脉冲"，每个注入井在 24 h 内至少脉冲一次。设备的压缩机以 0.10～0.13 m³/min 的流量在 0.63～0.84 kg/cm² 的压力范围内通过单独的注射器喷射，地下水采样约每 3 个月进行 1 次。

根据污染物浓度数据，在目标区域内，污染物质量估计为 159 kg。在系统运行的 15 个月，估计有 304 kg 的臭氧被注入地下水。通过对污染物量的分析发现，加强好氧生物修复有助于减少污染物的量。根据采样结果得出，SVE 系统在运行的最初 4 个月修复效率为 4.5 kg/d，后期减至 1.8 kg/d，在修复结束时达 0.2 kg/d。

该项目修复方法的总成本约为 277 000 美元。该成本包括臭氧注入和 SVE 系统的安装与运行维护 18 个月、系统拆除、6 轮地下水采样和报告。仅考虑系统安装和运维，总成本约为 251 000 美元。在初始阶段对设备进行故障排除，再加上距离约 314 km 的站点位置，可能造成项目成本增加几美元。被动修复阶段消除了由于系统操作和维护、修复废物的产生以及处理残留较低污染水平的相关成本而导致的高修复成本。

该项目是典型的有机污染场地。在我国普遍使用氧化/还原或固化/稳定化技术，往往造成大量的药剂消耗和产生二次污染。在本项目中使用的气相抽提技术对周围环境干扰少、不产生二次污染，同时氧化还原技术使用臭氧，具有不产生二次污染、绿色高效的特点，气相抽提与臭氧技术联用对我国土壤修复具有借鉴意义。

（2）典型土壤地下水重金属污染场地：意大利废弃电镀厂遗留地块修复项目

根据欧洲土壤环境信息和观测网络数据，矿物油和重金属是欧洲地区场地的主要污染物，占整个欧洲土壤污染的 60%以上。在此选择意大利某六价铬污染场地修复工程项目为案例进行分析。

案例位于意大利北部某工业区，早期为印刷和纺织工业生产用转子进行电镀[21]。工业生产中使用的铬酸盐溶液在电镀过程中深入厂区土壤及表层地下水层。经进一步土壤取样检测，结果显示，该厂区饱和带中六价铬含量最高达 700 mg/kg，总铬达 770 mg/kg。为了高效、经济地治理该场地土壤和地下水中的铬污染，当地决定采用稳定化技术对该场地进行修复。该场地土质为泥质砾石与黏土混合地质，总处理面积约为 1 000 m²，深度为 10 m。

该项目选择了重金属还原稳定技术，使用重金属修复化学药剂通过原位固定（沉淀和/或吸附到土壤颗粒）从地下水中去除溶解的六价铬等重金属。该项目在修复区域内安装了 2 组注入井屏障，每一个屏障中分别安装 5 个嵌套式注入井。嵌套式注入井以约 4 m 的间隔安装，每口井由 3 个立管组成。这 3 个立管分别为浅管（8～13 m）、中管（14～19 m）和深管（20～25 m），用于应对不同地下水位情况。在安装完成后，对注射井内的淤泥进行清理。在随后的药剂注射过程中，由于注射时地下水水位约在地表下 15 m 处，最终采取了中管和深管进行注射。药剂注入后约 60 d，监测结果显示六价铬质量浓度降至检测质量浓度（5 μg/L）以下，同时三价铬浓度增加，说明六价铬被有效还原。药剂注入后约 12 个月，地下水中六价铬浓度降低了 59%～99%，而三价铬浓度随着沉淀作用降低愈加明显，由最初的增加趋势逐渐转为不断减少，达到修复标准。

当前"重土轻水"现象在我国还较为普遍，往往只重视土壤修复而忽略了地下水存在污染物造成的土壤污染"反弹"现象。在该项目中，针对主要污染物六价铬，项目采取嵌套式注入井还原稳定技术协同修复土壤和地下水污染，实现六价铬原位固定并还原为三价铬。

（3）典型土壤地下水有机物污染场地：美国落基山兵工厂地块修复项目

根据美国超级基金统计，在 1981—2017 年 78%的地下水污染场地中含有氯代挥发有机物（所占比例第 1）；49%的土壤污染场地中含有氯代挥发有机物（所占比例第 2），由此选择美国落基山兵工厂场地作为案例。

落基山兵工厂是美国的一个化学武器制造中心，位于科罗拉多州的科默斯市[22]。该兵工厂由美国陆军于 20 世纪末设立，生产常规兵器和化学武器，其中包括白磷、凝固汽油弹、芥子气、路易氏剂和氯气。1984 年，美国陆军对落基山兵工厂的污染情况进行了详细调查，发现场地内存在多种污染物，包括有机氯农药、有机磷农药、氨基甲酸酯类杀虫剂、有机溶剂、氯化苯、重金属等。

1991 年，在落基山兵工厂超级基金污染场地的 18 号单元进行了土壤气相抽提处理。该区域主要用于清洗维修设备和车辆，并储存柴油、汽油和各种石油产品。在该区域的土壤和地下水中发现了大量的 VOCs，其中大多为三氯乙烯，其在土壤蒸气中的体积分数高达 65×10^{-6}，这些 VOCs 主要来自清洗过程中使用的含氯溶剂，气相抽提系统（以下简称 SVE 系统）安装在土壤蒸气中三氯乙烯浓度最高的区域。

该 SVE 系统包括一个较浅的气相抽提井和一个较深的气相抽提井。浅井位于黏土层以上，地下 13～28 英尺（1 英尺≈0.30 m）；深井位于黏土层以下，地下 43～58 英尺。设立 2 个抽提井是为了研究黏土层对 VOCs 移除的影响。在气相抽提井周边围绕着 4 个蒸汽监测井，用于评估气相抽提系统的性能。蒸汽从气相抽提井中抽提出之后，进入气液分离罐中分离掉其中的凝结水，随后进入沉淀过滤器和再生鼓风机。再生鼓风机排出的烟气通过两组串联的颗粒活性炭系统进行处理，每组活性炭处理单元中有 3 个装有颗粒活性炭的容器。一级活性炭处理单元可以去除气体中 90%的三氯乙烯，二级活性炭处理单元则用于处理残余的三氯乙烯。

该 SVE 系统的运营过程从 1991 年 7 月持续到 12 月，共处理了约 70 磅（1 磅≈0.45 kg）的三氯乙烯，总处理土方量约为 26 000 m³。SVE 系统处理后的三氯乙烯的体积分数小于 1×10^{-6}。整个 SVE 系统的筹备、建立和运行费用为 182 800 美元。

针对此类场地的修复在我国主流的技术手段包括氧化/还原或固化/稳定化技术，这往往会造成大量的药剂消耗或二次污染，如使用生物修复的方法，可能修复时间较长不符合工期要求。本案例中采用了气相抽提技术（或其他的新兴技术，如多相抽提等），具有成本低、处理有机物的范围宽、不造成二次污染等特点，比传统的修复技术具有更大的经济和环境优势。因此，应积极推动相关技术的引进和更新，通过技术革新实现行业的进步。

1.5 启示与借鉴

综上所述，40年来全球的土壤和地下水污染修复行业经历了早期美国的一枝独秀、欧洲发达国家快速发展，以及以中国为代表的发展中国家新兴力量崛起的三个阶段。可以预见，未来一段时间，中国在全球修复行业中的地位将愈加突出。综合发展阶段与趋势分析显示，污染事件触发、庞大修复需求、经济增长动因，以及技术与管理制度创新是驱动全球土壤和地下水污染修复行业发展的主要动力。

目前，土壤和地下水修复市场的供需不平衡，而实现技术与管理方式的创新，是全球修复市场发展的普遍需求。空间不平衡具体表现为先进的土壤和地下水修复技术以及高水平企业主要集中在以美国为代表的西方发达国家，而庞大的修复市场需求则主要集中在中国等发展中国家和地区。技术和装备的发展分析显示，低成本、短周期、环境友好的修复技术成为国际修复行业技术选择的主流。改善修复管理决策是全球修复行业发展的共同需求，包括高分辨率场地特征刻画、绿色可持续修复管理模式，以及针对大型场地的长期管理等方面。

由国际修复行业发展的经验可知，修复行业的发展需要加强顶层制度设计、基础技术创新能力建设以及绿色可持续修复发展导向。完善国家关于修复行业发展的相关技术导则和文件，是促进修复行业健康发展的前提。积极推进相关修复技术的交流，针对中国的特殊国情，加强自主研发能力建设，是促进修复行业发展的关键。绿色可持续修复是近20年来全球土壤和地下水污染修复行业发展的最新趋势，也是中国土壤和地下水污染修复行业市场发展的重要方向。

2

我国土壤和地下水污染修复行业发展现状及特点

2.1 土壤和地下水污染总体状况

2.1.1 土壤污染总体状况

2005 年 4 月—2013 年 12 月，我国开展了首次全国土壤污染状况调查。调查结果显示全国土壤环境状况总体不容乐观，部分地区土壤污染较重，耕地土壤环境质量堪忧，工矿业废弃地土壤环境问题突出。工矿业、农业等人为活动以及土壤环境背景值高是造成土壤污染或超标的主要原因。

调查结果显示，全国土壤总的超标率为 16.1%，其中，轻微、轻度、中度和重度污染点位比例分别为 11.2%、2.3%、1.5% 和 1.1%。污染类型以无机型为主，有机型次之，复合型污染比重较小，无机污染物超标点位数占全部超标点位的 82.8%。从污染分布情况来看，南方土壤污染重于北方；长江三角洲、珠江三角洲、东北老工业基地等部分区域土壤污染问题较为突出，西南地区、中南地区土壤重金属超标范围较大；镉、汞、砷、铅 4 种无机污染物含量分布呈现从西北到东南、从东北到西南方向逐渐升高态势。从污染物类型来看,无机污染物中,镉、汞、砷、铜、铅、铬、锌、镍 8 种无机污染物点位超标率分别为 7.0%、1.6%、2.7%、2.1%、1.5%、1.1%、0.9%、4.8%。六六六、滴滴涕、多环芳烃 3 类有机污染物点位超标率分别为 0.5%、1.9%、1.4%。

2017 年,环境保护部会同相关部门组织开展了全国重点行业企业用地土壤污染状况调查,对 77 个土壤污染重点行业的 11 万余家在产企业和遗留地块开展了建设用地土壤环境质量调查,包括污染信息收集风险关注度计算、部分地块采样调查和各省(区、市)、地级市高关注度地块清单的确定等工作。通过该项调查,总体可掌握我国在产企业和工业遗留地块的分布、数量,各地污染重点行业、重点区域以及重点污染物类型,为开展建设用地土壤环境管理提供管理基础。目前,该项调查工作成果尚未向社会公开发布。

"十三五"期间,我国共实施重金属减排工程 930 多个,超额完成"十三五"期间国家重点重金属污染物排放量下降目标。自 2018 年起,生态环境部会同相关部门部署开展了涉镉等重金属重点行业企业排查整治三年行动,累计排查涉镉企业 1.3 万多家,把近 2 000 家污染源纳入整治清单,并按计划完成了整治任务。这对我国土壤环境源头防控发挥了积极作用。

调查结果显示,我国农用地土壤环境状况总体稳定,部分区域土壤污染风险较为突出,影响土壤环境质量和农产品质量的污染物以重金属镉为主。安全利用类耕地主要采取农艺调控、替代种植等措施降低农产品超标风险;严格管控类耕地采取种植结构调整或退耕还林还草等措施,退出食用农产品种植。

2021 年 5 月,生态环境部发布的《2020 中国生态环境状况公报》中,土壤污染状况详查结果显示，全国农用地土壤环境状况总体稳定，影响农用地土壤环境质量的主要污染物是重金属，其中镉为首要污染物。截至2020 年年底，全国已完成《土壤污染防治行动计划》确定的受污染耕地安全利用率达 90%左右和污染地块安全利用率达 90%以上的目标。

2.1.2　地下水污染总体状况

根据《2020 中国生态环境状况公报》，自然资源部门设置了 10 171 个地下水水质监测点，其中平原盆地、岩溶山区、丘陵山区基岩地下水监测点分别为 7 923 个、910 个、1 338 个，监测结果表明：Ⅰ～Ⅲ类水质监测点占 13.6%，Ⅳ类占 68.8%，Ⅴ类占 17.6%。水利部门设置了 10 242 个地下水水质监测点（以浅层地下水为主），其中，Ⅰ～Ⅲ类水质监测点占 22.7%，Ⅳ类占 33.7%，Ⅴ类占 43.6%，主要超标指标为锰、总硬度和溶解性总固体。当前，我国地下水污染现状不容乐观。

2013 年，国务院发布《水污染防治行动计划》，提出了地下水方面的防治目标和相应任务。截至 2020 年年底，实现了全国 1 170 个地下水质量考核点位质量极差比例控制在 15%左右的目标要求。

近年来，我国持续开展地下水环境调查评估工作，初步建立起我国地下水型饮用水水源和重点污染源清单，掌握城镇 1 862 个集中式地下水型饮用水水源和 16.3 万个地下水污染源的基本信息。全国 9.6 万座加油站的36.2 万个地下油罐完成了双层罐更换或防渗池建设。初步构建起地下水环境监测网络，目前正在实施地下水监测工程，建成了国家地下水监测站点20 469 个。总体来看，截至 2020 年年底，我国地下水环境状况尚未有相关政府部门发布的权威信息。

2.2　政策与制度分析

2.2.1　国家顶层主要政策

2016 年，国务院发布《土壤污染防治行动计划》，确定了"十三五"乃至更长一段时期我国土壤污染防治的指导思想、原则和防治任务。2019 年 1 月 1 日《中华人民共和国土壤污染防治法》（以下简称《土壤污染防治法》）正式实施，确定了我国土壤环境修复产业链条，包括规划标准、调查与监测、环境影响评价、在产企业防治、科研服务以及重要的农用地全过程管控、建设用地全过程管控、突发事件管控等活动，从咨询服务和工程实施两个方面建立了我国修复行业体系。据不完全统计，湖北、福建、广东、江西、山东、天津、山西、湖南、甘肃等省（市）发布了省级土壤污染防治条例。

2016 年中央财政设立土壤污染防治专项资金。该资金主要支持"无主"农用地和建设用地土壤的环境调查评估、方案编制、工程实施，以及土壤环境管理能力建设。"十三五"期间，国家下达中央土壤污染防治专项资金共计 285.53 亿元（图 2-1），成为我国中西部大多数省级行政区主要和稳定的资金来源。

2020 年 3 月，中共中央办公厅、国务院办公厅印发了《关于构建现代环境治理体系的指导意见》，对工业污染地块，鼓励采用"环境修复+开发建设"模式；在"健全环境治理信用体系"任务中提出了"健全企业信息建设"，提出完善企业环保信用评价制度，依据评价结果实施分级分类监管的要求。这些规定指明了我国土壤环境修复行业的发展方向和政策需求。

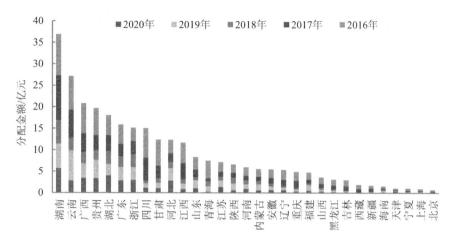

图 2-1　"十三五"期间各省（区、市）获得国家土壤专项资金统计

《土地管理法实施条例》第十四条明确规定："从事土地开发利用活动，应当采取有效措施，防止、减少土壤污染，并确保建设用地符合土壤环境质量要求。"全国各省（区、市）已制定发布了建设用地准入的具体办法，从不同环节把好准入关。在规划阶段，考虑污染地块的环境风险，合理确定用途；特别是从严管控化工、农药等行业重度污染地块规划用途，如北京、上海等城市已将化工等行业污染地块规划为城市绿心公园、中央绿地。在用地批准或规划许可阶段，对纳入建设用地土壤污染风险管控和修复名录的地块，不得作为住宅、公共管理与公共服务用地。在施工阶段加强监管，没有达到风险管控、修复目标的地块，禁止开工建设任何与风险管控、修复无关的项目。

与此同时，地下水是我国重要的饮用水水源和战略资源。"十三五"期间，我国地下水生态环境保护法律标准体系不断完善，地下水环境监测网初步建成，试点开展了修复与管控技术模式的探索，地下水污染加剧趋势得到初步遏制。国家确定地下水污染防治的总体思路是扭住"双源"（地下水型饮用水水源和污染源），从"建体系、控风险、保水源"3个方面出发，统筹推进地下水污染防治，确保全国地下水环境质量总体稳定。在完善环境管理制度体系方面，加快建立"分区管理、分类防治"的地下水污染防治体系，划定地下水污染防治重点区，建立地下水污染防治重点排污单位名录，聚焦重点区域和重点领域，以地下水水质目标为导向，推动地方因地制宜地采取措施；在21个典型地级市开展国家地下水污染综合试点，不断探索地下水污染防治管理和综合示范。在防控风险方面，全面开展地下水污染状况调查，分批分期查清化学品生产企业、尾矿库、危险废物处置场、垃圾填埋场、化工产业为主导的工业聚集区、矿山开采区（"一企一库""两场两区"）6类重点污染源及周边的地下水污染状况，协同推进土壤和地下水污染风险管控与修复。在严保水源方面，深入推进地下水型饮用水水源保护区划定，加强水源保护区规范化建设；推动浅层地下水型饮用水水源补给区划定工作，定期开展污染调查评估。督促地方政府针对有风险的水源，因地制宜地采取污染防治、水厂处理或水源更换等方式，全面系统保障水源水质安全。

2.2.2　全过程技术规范和标准体系

（1）HJ 25 系列技术导则和全国重点行业企业用地调查相关技术规范与指南文件为规范我国土壤污染调查评估和修复行为发挥了重要作用，使得产业在发展过程中的技术咨询服务有了基本遵循。

2019 年 12 月生态环境部发布了《建设用地土壤污染状况调查技术

导则》（HJ 25.1—2019）、《建设用地土壤污染风险管控和修复监测技术导则》（HJ 25.2—2019）、《建设用地土壤污染风险评估技术导则》（HJ 25.3—2019）、《建设用地土壤修复技术导则》（HJ 25.4—2019）；在此之前 2018 年 12 月生态环境部发布了《污染地块风险管控与土壤修复效果评估技术导则（试行）》（HJ 25.5—2018），2019 年 6 月发布了《污染地块地下水修复和风险管控技术导则》（HJ 25.6—2019）。上述 6 项系列技术导则构成了土壤污染咨询工作遵循的最基本也是最重要的技术文件。自 2017 年起，我国重点行业企业用地调查全面开展，制定了包括信息采集、空间信息采集、风险关注度划分、布点方案、现场采样、质量控制等 20 余个、一整套的技术规范、指南、工作通知等文件，是我国 HJ 25 系列标准非常重要的细化和补充。

（2）土壤污染在产企业以隐患排查及自行监测制度和技术规范为重点的管理和技术体系的建设促进了在产企业土壤污染防治咨询服务的发展。

2022 年 1 月，生态环境部发布了《工业企业土壤和地下水自行监测　技术指南（试行）》（HJ 1209—2021），2021 年年初，生态环境部发布了《重点监管单位土壤污染隐患排查指南（试行）》。截至 2021 年年底，湖北、天津、上海、北京、内蒙古等省（区、市）先后制定了省级土壤污染自行监测、土壤污染隐患排查等方面的技术规定，为进一步落实我国在产企业土壤污染自行监测和隐患排查环境管理重要制度的要求提供了技术方法。随着工作推进，还将有更多的省（区、市）制定相应的技术方法，推动该项制度不断落实，从而形成在产企业土壤（地下水）污染风险管控的市场需求。

（3）修复工程实施过程中相关修复工程技术规范及环境监管政策制度的陆续出台将不断促进修复行业技术进步。

2021年4月生态环境部发布了《污染土壤修复工程技术规范 原位热脱附》（HJ 1165—2021），其作为国内首个修复工程技术规范，将发挥较好的示范带动作用。近年来，广州市建设用地土壤污染修复现场环保检查要点、再开发利用做好地块土壤污染状况调查和治理修复效果评估质量监督工作、污染地块修复后环境监管技术要点（试行）等文件的实施将不断推动修复行业技术水平的提升和行业的可持续发展。

（4）地下水污染防治方案和相关技术规范的制定使我国地下水污染防治自2019年起明显加快了发展步伐，地下水修复试点得到快速启动。

2019年3月，生态环境部发布了《地下水污染防治实施方案》，提出了我国地下水污染防治的目标指标和主要任务。各省（区、市）坚持"预防为主、综合施策，突出重点、分类指导，问题导向、分级防护，明确责任、循序渐进"原则，纷纷推出各省（区、市）地下水污染防治实施方案。自2019年以来，生态环境部陆续发布了覆盖环境调查、模拟预测、风险评估、污染防治分区等多个环节的规范，以及针对加油站、废弃井等特定的污染源发布了专门的防治要求。2020年全国18个省（区、市）的49个项目入选成为我国第一批地下水污染防治试点项目，目前，各项目都已进入工程实施阶段。

（5）绿色可持续修复的推动对我国修复行业发展方向将产生深远影响。

2020年4月，中国环保产业协会发布团体标准《污染地块绿色可持续修复通则》（T/CAEPI 26—2020）。该通则的发布可对污染地块绿色可持续修复提供通用的技术指导，对我国建立污染地块绿色可持续环境管理体系，促进我国修复产业向绿色、可持续和低碳方向发展具有长远意义。科技部国家重点研发计划"污染场地绿色可持续修复评估体系与方法"（2018YFC1801300），计划从场地—区域—宏观 3 个尺度分别构建绿色可持续修复评估指标体系和方法框架，促进可持续评估决策支撑技术工具的推广应用，围绕污染地块修复二次污染防控、区域可持续修复与再开发决策支持、污染地块绿色可持续管理宏观政策等方面推动相关规范标准的制定，并以绿色可持续修复案例评估、工程示范等形式，实现我国绿色可持续修复示范效应。绿色可持续修复将在我国走出一条具有中国特色的道路。

2.2.3 修复行业从业单位管理制度

（1）我国技术报告评审管理制度的建立规范了土壤修复各类技术报告的编制要求和评审要求，这在很大程度上提升了修复行业从业单位技术水平。

2019 年 12 月 17 日，生态环境部会同自然资源部发布了《建设用地土壤污染状况调查、风险评估、风险管控及修复效果评估报告评审指南》，作为指导和规范省市级生态环境主管部门会同自然资源主管部门组织建设用地土壤污染状况调查报告、风险评估报告、效果评估报告评审活动的主要依据。2019 年和 2020 年全国大多数省级行政区制定了省级风险评估和效果评估报告评审规定，大多数地级市制定了调查报告评审管理办法。这些文件不断明确和加强土壤环境相关技术报告的评审要求，"倒逼"从业单位把握关键技术环节，确保关键点技术质量，不断提高土壤环境咨询服务和修复工程服务质量。

（2）从业单位和人员管理制度的建立将从业单位和个人综合表现及信用状况纳入国家信用管理体系中，从监管角度提升了从业单位的法律责任意识和自律行为，这将促进我国土壤环境修复行业健康发展。

2019年，江苏省率先全面实施环境修复咨询服务和工程施工机构以及从业人员的信用评价制度；2020年，浙江省、江西省和广东省等加强建设用地土壤污染风险管控和修复从业单位及个人管理，分别出台从业单位或个人能力评估办法或信用管理办法。2020年7月，广东省发布了《广东省建设用地土壤污染风险管控和修复从业单位管理办法（试行）》，构建单位自治、行业自律、政府监管、社会监督的多元共治管理模式。通过公开从业单位技术成果报告评审通过率、从业单位和个人从业信息等手段，不断推进从业单位和个人信用管理体系的建设。2021年6月，生态环境部发布《建设用地土壤污染风险管控和修复从业单位和个人执业情况信用记录管理办法（试行）》，明确规定纳入信用记录的信息范围、信息公开和隐私保护，鼓励信息应用和虚假信息举报，规范和加强建设用地土壤污染风险管控和修复从业单位及个人执业情况的信用记录管理，增强从业单位和个人诚信自律意识及信用水平，营造公平诚信的市场环境和社会环境。2020年12月，天津市发布了《天津市土壤污染防治从业单位专业能力评估办法（试行）》。

（3）信息公开制度不仅推动修复行业的健康发展，同时也为社会公众参与和监督提供了途径。

近年来，地级市层面开展调查报告评审通过率信息公开，省级层面开展风险评估和效果评估报告评审通过率信息公开，公开的内容包括技术报告编制单位、报告评审通过率信息（一次评审通过率、修改复核后通过率、不通过率等信息）。2021 年 2 月，四川省生态环境厅公布了第一批土壤环境调查报告复核抽查结果。该信息公开制度的实施，将有利于综合反映各从业单位的技术水平，有利于业主单位优先选择从业能力较好的单位，从而发挥对行业优胜劣汰的作用，对促进行业技术水平的提升和促进修复行业健康发展具有重要作用。2020 年全国纳入省级土壤污染风险管控和修复名录清单内的污染地块共计 695 个，公布地块的面积累计超 6 000 万 m²，对社会公众及时了解正在开展风险管控与修复活动的地块基本信息提供了直接途径。

2.3　行业市场分析

2.3.1　总体市场规模

生态环境部环境规划院和北京高能时代环境技术股份有限公司共同对 2017—2021 年我国启动的土壤修复项目招投标信息进行了统计，包括建设用地和农用地（主要是耕地）风险管控与修复活动中涉及的土壤污染状况调查、土壤污染风险评估、管控和治理修复工程、风险管控效果评估、修复效果评估、后期管理等活动（不含矿山环境修复）的项目。分析结果显示：

2017—2021 年，我国启动的土壤修复项目数量呈逐年增加的趋势。"十三五"期间土壤修复项目无论是项目数量还是项目金额都呈逐年增加趋势，尤其是作为"十三五"收官之年的 2020 年，项目金额近 40 亿元。2021 年是"十四五"开局之年，在国家相关政策的驱动下，土壤修复项目数量较 2020 年增加 9.46%，首次突破 3 000 个，达到了 3 123 个。

由土壤修复项目数量和项目金额统计表（表 2-1）和对比图（图 2-1）可以看出，2017—2021 年启动项目数量分别为 800 个、1 468 个、1 698 个、3 521 个、3 626 个；启动项目金额分别为 86.9 亿元、141.6 亿元、118.4 亿元、142.7 亿元、156.6 亿元。2021 年项目数量和项目金额在逐年变化中达到了最高。

表 2-1　2017—2021 年土壤修复项目数量和项目金额统计

年份	咨询项目		工程项目		总计	
	项目金额/亿元	项目数量/个	项目金额/亿元	项目数量/个	项目金额/亿元	项目数量/个
2017	7.5	479	79.4	321	86.9	800
2018	18.2	1 010	123.4	458	141.6	1 468
2019	23.3	1 344	95.1	354	118.4	1 698
2020	39.7	2 853	103.0	668	142.7	3 521
2021	35.0	3 123	121.6	503	156.6	3 626

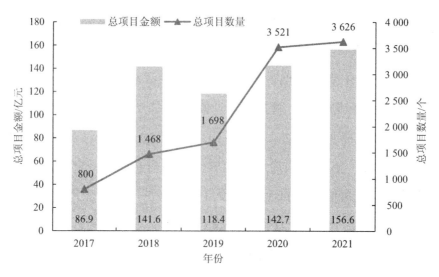

图 2-2　2017—2021 年土壤修复项目数量和项目金额对比

2.3.2 咨询服务市场分析

近 5 年来，土壤修复咨询服务项目数量和项目金额增长显著。从我国 2017—2021 年咨询服务项目数量和项目金额对比图中可以看出，咨询服务类项目受国家政策影响很明显，近 5 年无论是项目金额还是项目数量均呈逐年增长趋势，到 2020 年项目金额接近 40 亿元。

需要注意的是，经过分析每个项目的平均单价发现，每年的平均单价在不断下降。2021 年咨询服务类项目数量较 2017 年增加 5.5 倍，但平均每个项目的单价由 2017 年的 156.6 万元降低到 2021 年的 110 万元，下降比例达 27.8%，下降速度很明显。2021 年项目数量比 2020 年增加 9.4%，但项目金额比 2020 年下降 12%。

从项目类型角度来看，2021 年咨询服务项目以土壤和地下水的调查评估为主，项目数量占 77.9%，项目金额占 76.6%（表 2-2）。这很大程度是因为"十三五"期间在生态环境部的组织领导下，全国完成的重点行业企业用地调查识别出较多的污染地块，"十四五"第一年释放出较多的调查评估项目，以及受国家加强地下水环境调查评估的环境管理要求影响，释放出较多的区域性、行业性地下水调查评估项目（2021 年一个较为显著的特点即为地下水调查评估类项目明显增加，以山西省长治市、大同市为代表的地下水调查项目为 2021 年项目金额最大的咨询服务项目）。技术服务、效果评估、方案编制等类型的咨询服务项目数量占比均较小。

由表 2-2 可知，2021 年效果评估类项目共计 128 个，项目数量远低于调查评估类项目，同时每个效果评估类项目的平均单价为 115.58 万元，调查评估类和效果评估类单个项目的平均价格总体相当。调查评估与方案编制一并开展的项目平均价格约为 309.17 万元/个,方案编制类项目的平均价格为 125.71 万元/个,将调查评估与方案编制合并开展的项目平均单价高于调查评估、方案编制单独开展的项目的平均单价。

表 2-2　2021 年不同类型的咨询服务项目数量和项目金额对比

序号	咨询服务项目类型	数量/个	数量占比/%	金额/万元	金额占比/%	价格/（万元/个）
1	土壤调查评估	2 164	69.3	209 043.83	59.7	96.6
2	地下水调查评估	269	8.6	59 278.17	16.9	220.36
	小计	2 433	77.9	268 322	76.6	110
3	技术服务	452	14.5	48 772.7	13.9	107.9
4	效果评估	128	4.1	14 794.61	4.2	115.58
5	方案编制	86	2.8	10 810.93	3.1	125.71
6	调查评估与方案编制	24	0.8	7 420.19	2.1	309.17
	合计	3 123	—	350 120	—	

从项目金额来看,2021 年广东省项目金额最高,达 5.32 亿元,该省已经连续 3 年居全国榜首。排名 2～5 位的省级行政区分别是江苏、山东、河北、浙江,项目金额为 1.94 亿～4.03 亿元。排名 6～15 位的省级行政区分别是河南、上海、山西、江西、重庆、天津、辽宁、广西、四川、北京,项目金额为 0.91 亿～1.83 亿元。西藏、青海、海南和宁夏等省（区）项目金额均在 1 000 万元以下（图 2-3）。

从项目数量来看,2021 年广东省项目数量最多,达 480 个,该省咨询类项目无论是项目数量还是项目金额均居全国榜首。排在 1～3 位的广东、江苏、山东为第一梯队,项目数量均大于 300 个。排在 4～9 位的上海、浙江、重庆、辽宁、河北、江西为第二梯队,项目数量均大于 100 个。青海、西藏、海南、宁夏项目数量均在 10 个以下。

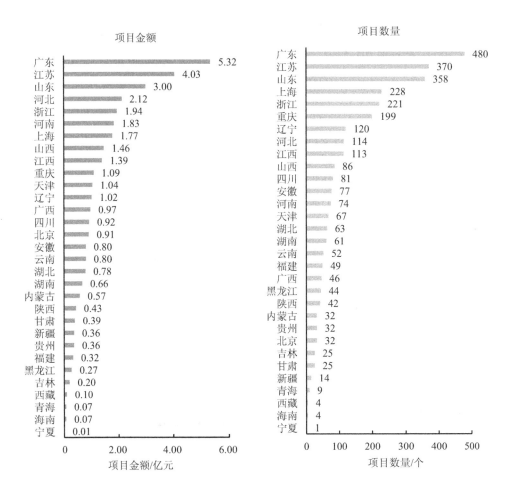

图 2-3 2021 年全国 31 个省（区、市）土壤修复咨询服务项目金额和项目数量对比

2.3.3 修复工程市场分析

2017—2021 年，全国土壤修复工程市场总投资金额略有波动，总体上呈增长态势。2021 年启动招投标的土壤污染修复工程合同总投资金额约为 121.56 亿元，较 2020 年增长 18%。从项目数量来看，近 5 年全国土壤修复工程项目数量总体平稳，呈小范围波动。2021 年全国启动的污染修复工

程项目数量较 2020 年减少 24.7%。

由 2021 年全国 30 个省（区、市，不含西藏）公开招投标的土壤修复工程项目金额和项目数量对比（图 2-4）可以看出，项目金额排前 6 名的省级行政区分别为重庆、浙江、江苏、安徽、山东和广东，重庆市启动的工程项目金额最高，达 23.84 亿元，其他 5 个省级行政区项目金额均在 6 亿元以上。启动项目数量排前 6 名的省级行政区分别为湖南、湖北、浙江、江苏、重庆和山东，启动的项目数量较多，均大于 30 个，其中，湖南省以 60 个项目位列第 1。

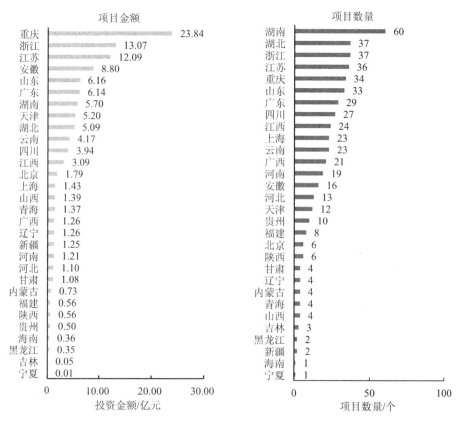

图 2-4 2021 年全国 30 个省（区、市）启动土壤修复工程项目金额和项目数量对比

工业污染场地修复类工程项目主要分布在长江经济带沿线省级行政区。2021 年，全国工业污染场地修复类工程项目金额排名前 5 位的省级行政区分别为重庆、浙江、江苏、安徽、山东，这 5 个省（市）项目合同金额总和占全国工业污染场地修复类项目合同总金额的 53.1%。随着《中华人民共和国长江保护法》的实施，未来会在长江经济带沿线省级行政区启动更多的工业污染场地修复类工程。

2.3.4 省级污染地块名录分析

《土壤污染防治法》提出我国实行建设用地土壤污染风险管控和修复名录制度（以下简称名录）。截至 2022 年 5 月，对全国 30 个省（区、市，不含西藏）省级生态环境主管部门官方网站上公布的省级名录中的信息进行统计。全国 30 个省（区、市，不含西藏）已累计公开污染地块数量为 1 356 块（湖南省名录中部分地块分为多个展示，共计 93 块，实际为 46 块，本书以 93 块计），移出名录中的地块数量为 468 块，移出率为 34.5%；名录内现有污染地块数量为 888 块。各省（区、市）的分布情况如图 2-5 所示。

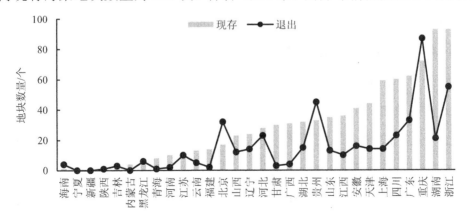

图 2-5 30 个省（区、市）公布的名录中现存与退出污染地块的数量

各省（区、市）公布名录中的污染地块的数量具有较大差异，这与各地方的经济发展程度、工业化进程和对生态环境保护的认知有关。公布地块数量在 50 块以上的省（市）有 6 个，分别为四川、广东、重庆、上海、湖南和浙江，合计 439 块，占全国纳入名录地块总数量的 49.4%。这些地方经济发达，对建设用地的需求较高，对生态环境的要求较高，污染地块的管理与监管能力较强。地块数量在 10 块以下的省（区）有 9 个，分别为海南、宁夏、新疆、陕西、吉林、内蒙古、黑龙江、青海和河南。这些地区处于经济欠发达地区，对建设用地开发需求少，同时环境污染程度也相对较低。移出地块数量最多的省级行政区是北京、广东、贵州、浙江和重庆，占总移出地块数量的 53.8%。

通过对 888 个污染地块公开的信息进行分析发现，其中，450 个污染地块的土地使用权人为有限公司等企业，占比为 50.7%；119 个污染地块土地使用权人为政府，占比为 13.4%；67 个使用权人为土地整理或储备中心，占比为 7.5%；土地使用权人为生态环境局等局级机关的有 20 个，仅占 2.3%；其他类型（各种办事处、个人以及无主或未公布等）占 26%。值得注意的是，村镇集体等为土地使用权人的有 29 块，占比为 3.3%。在这 888 个地块中,34%的地块目前正处于风险管控或修复工程实施阶段,38.6%的地块处于风险管控或修复方案的编制阶段,12.4%的地块正在开展风险管控或修复效果评估。仅有 1.1%的地块明确指出暂不开发利用,13.9%的地块处于其他阶段。

从修复目标来看，888 个地块的修复目标总体分为 6 种类型：满足居住用地土壤环境质量要求；满足工况/工业用地土壤环境质量要求；满足公共管理与公共服务用地土壤环境质量要求；满足绿地与开敞空间用地土壤环境质量要求；满足交通运输用地土壤环境质量要求；满足商业服务业用地土壤环境质量要求。不同修复目标的地块数量如表 2-3 所示。其中，修复目标最多的为满足居住用地土壤环境质量要求，有238块，占比为26.8%。复合用地为上述 6 种用地的复合（即风险管控或修复目标需要满足以上 2 种或 3 种类型的复合用地），地块数量为 261 个。

表 2-3　各省（区、市）现存的地块风险管控或修复目标情况　　　单位：个

序号	风险管控或修复目标类型	地块数量	与其他目标复合的地块数量
1	满足居住用地土壤环境质量要求	238	315
2	满足工况/工业用地土壤环境质量要求	129	154
3	满足公共管理与公共服务用地土壤环境质量要求	71	131
4	满足绿地与开敞空间用地土壤环境质量要求	46	131
5	满足交通运输用地土壤环境质量要求	33	98
6	满足商业服务业用地土壤环境质量要求	52	137
7	未公布或未确定	58	—
8	其他（含以上复合用地要求）	261	—

2.4　修复技术及装备发展主要进展

2.4.1　风险管控与修复技术体系

经过"十三五"时期的实践后，我国建立了污染土壤风险管控与修复技术体系（图 2-6）。

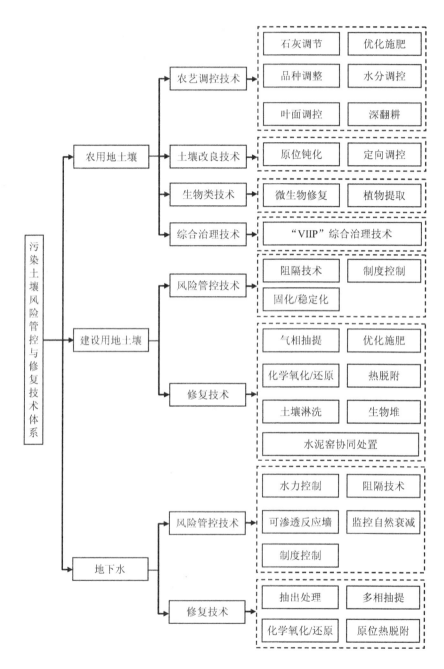

图 2-6　污染土壤风险管控与修复技术体系

2.4.2 "十三五"技术发展重点

"十三五"期间，由于建设用地开发利用需求紧迫，建设用地土壤环境风险管控和修复技术迅速发展，其中热脱附、固化/稳定化、土壤淋洗、阻隔技术等发展较快。

2.4.2.1 "十三五"土壤风险管控与修复技术专利申请分析

在中国知网（CNKI）上进行土壤和地下水污染修复的相关检索①，共检索到中国专利 6 579 篇。2010—2021 年土壤和地下水污染修复专利申请数量趋势如图 2-7 所示，自 2018 年开始专利年申请量开始突破 1 000 篇。

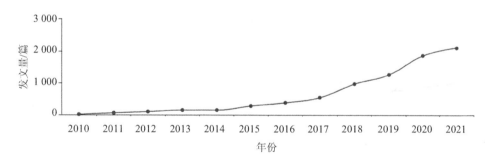

图 2-7 我国 2010—2021 年土壤和地下水污染修复专利申请数量趋势

---

① 以此检索模式进行专利检索：（（（（（（（（（NVSM 关键词='土壤修复'）OR（NVSM 关键词='地下水修复'））OR（NVSM 关键词='热脱附'））OR（NVSM 关键词='植物修复'））OR（NVSM 关键词='淋洗'））OR（NVSM 关键词='固化稳定化'））OR（NVSM 关键词='抽出处理'））OR（NVSM 关键词='化学氧化'））OR（NVSM 关键词='生物修复'））OR（NVSM 关键词='可渗透反应墙'））AND（申请日Between（'2010-01-01'，'2021-05-26'）））；检索范围：专利。

由土壤和地下水污染修复专利技术主要分布图（图 2-8）可以看出，2010—2021 年申请专利数量排名前 6 位的技术分别为土壤修复、热脱附、制备方法、污染土壤、植物修复、生物修复。

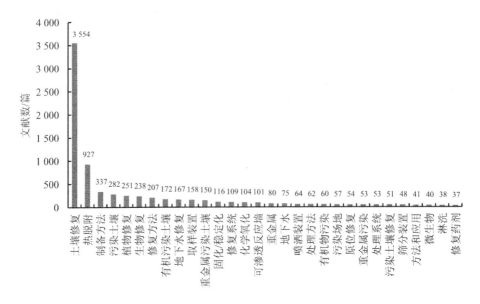

图 2-8　我国 2010—2021 年土壤和地下水修复专利分布

对申请专利数量排名前 6 位的技术，按照年度申请数量进行分析后发现（图 2-9 和图 2-10），2016 年以来以"热脱附"为关键词的专利申请数量呈现每年大幅增长趋势。2017 年以来以"生物修复、植物修复、化学氧化、固化/稳定化"为关键词的专利申请数量整体呈现逐年上升趋势，但上升幅度较小；以"化学氧化"为关键词的专利申请数量整体呈现上升趋势；以"可渗透反应墙"为关键词的专利自 2012 年开始出现，此后每年的专利数量均呈现增加趋势，但在 2020 年数量有所降低。

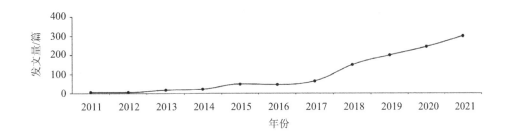

图 2-9　2011—2021 年关键词为"热脱附"的专利数量

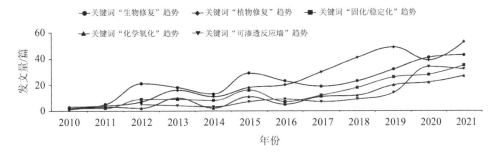

图 2-10　2010—2021 年关键词为"生物修复、植物修复、化学氧化、固化/稳定化、可渗透反应墙"的专利数量

2.4.2.2　国家重点技术研发分析

2018—2020 年，国家重点研发计划设立了"场地土壤污染成因与治理技术"专项（以下简称"土专项"），共启动 5 大类、86 个项目。其中，"矿区和油田土壤污染源头控制与治理技术""城市污染场地风险管控与地下水协同修复技术""场地土壤污染治理与再开发利用技术综合集成示范"3 大类型主要是开展土壤和地下水修复技术及装备研究与工程示范工作，共立项 49 个项目。

对这 49 个项目进行分析后发现，研究原位技术的项目占 51%，研究异位技术的项目占 16.3%，同时研究原位和异位技术的项目占 24.5%，其他 8.2%的项目是材料研究，不涉及修复模式。由研究内容涵盖技术种类的项目数量占比（图 2-11）可以看出，项目数量占比前 5 位的技术分别是固化/稳定化技术（占比 43%，下同）、生物修复（37%）、阻隔技术（31%）、可渗透反应墙技术（18%）、异位热脱附技术（14%）、化学氧化/还原技术（14%）。

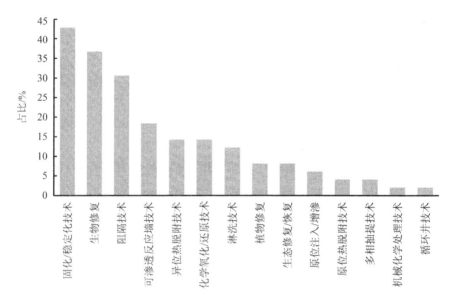

图 2-11   涵盖不同风险管控与修复技术的项目数量占比

国家重点研发计划项目以原位土壤风险管控与修复技术研究为主，其次是原位和异位组合技术研究，单独研究异位修复技术的项目很少。重点研究的技术主要是固化/稳定化技术、异位热脱附技术、化学氧化/还原技术等高效快速的技术，以及生物修复技术、阻隔技术、可渗透反应墙技术等风险管控和修复技术。

2.4.2.3　主要技术目录/奖项中土壤风险管控与修复技术分析

综合分析 2014—2020 年我国各大技术目录，按照不同风险管控与修复技术出现的数量，分析各个技术目录中不同类型风险管控与修复技术占比后发现，排名前 5 位的技术分别是固化/稳定化技术（26%）、异位热脱附技术（15%）、化学氧化/还原技术（11%）、原位注入技术（11%）和生物修复技术（9%）（图 2-12）。分析 2010—2020 年国家科学技术奖、环境保护科学技术奖获奖项目简介，涉及污染土壤和地下水风险管控与修复技术（含农田修复）的获奖项目共计 24 项，获奖项目涉及的技术占比排前 5 位的分别为生物修复技术（29%）、化学氧化技术（21%）、阻隔技术（17%）、固化/稳定化技术（17%）、可渗透反应墙技术（17%）（图 2-13）。

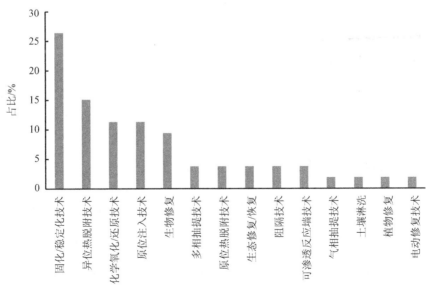

图 2-12　"十三五"我国技术目录中不同类型风险管控与修复技术占比

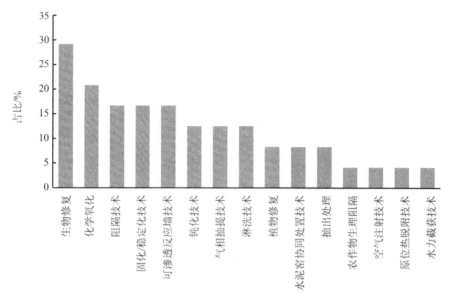

图 2-13 重要获奖项目中不同类型风险管控与修复技术占比

在建设用地风险管控与修复技术方面，我国总体建立起集"监测—预警—防控—修复"于一体的污染土壤风险管控与修复技术体系，研制了异位/原位热脱附、固化/稳定化、淋洗、原位注入等多种装备，高效快速修复技术、原位修复技术、风险管控技术、绿色修复技术、地下水污染综合防控与水土协同共治修复技术等得到了较好的研究和规模化应用。

2.4.3 主要风险管控与修复技术进展

本节对固化/稳定化技术、阻隔技术、异位热脱附技术、原位热脱附技术、化学氧化/还原技术、土壤淋洗技术的发展现状进行分析。

2.4.3.1 固化/稳定化技术

（1）技术特点

向污染介质中添加固化/稳定化剂，在充分混合的基础上，使其与污染介质、污染物发生物理、化学作用，将污染介质固封在结构完整的具有低渗透系数固态材料中，或将污染物转化成化学性质不活泼形态或毒性较低的状态，降低污染物在环境中的迁移和扩散能力。按照是否将污染介质移出污染区域，分为异位固化/稳定化、原位固化/稳定化两种类型。

（2）适用范围

该技术适用于污染土壤、污泥、底泥，可处理的污染物包括：金属类、石棉、放射性物质、腐蚀性无机物、氰化物以及砷化合物等无机物；农药/除草剂、石油或多环芳烃类、多氯联苯类以及二噁英等有机化合物。

（3）主要技术和经济指标

该技术的关键在于绿色固化/稳定化药剂的选择和固化/稳定化施工装备的选择。

技术经济指标：固化/稳定化药剂添加量一般不超过 20%；异位固化/稳定化要求污染介质粒径不大于 5 cm；经固化/稳定化处理后，根据处理后土壤的再利用和处置方式，采用相应的毒性浸出方法和评估标准评估污染物浸出指标。原位固化/稳定化施工周期一般为 3～6 个月，异位固化/稳定化一般每天可处理污染土壤 100～1 200 m^3；修复费用为 500～1 500 元/m^3。

（4）发展现状

在 2019 年以前，我国 90% 以上的重金属污染场地采用固化/稳定化技术修复，在固化/稳定化药剂、设备研发方面取得了显著成果。相关技术成果被收录于表 2-4 所列的技术目录。

表 2-4　被国家主要技术目录收录的固化/稳定化技术成果

固化/稳定化技术/装备	技术目录
土壤原位修复智能喷射装备	《国家鼓励发展的重大环保技术装备目录（2020 年版）》
高压旋喷原位注射修复装备	
原位深层搅拌注入修复系统	
土壤修复靶向重金属稳定化材料技术	《绿色技术推广目录（2020 年）》
矿物基环境修复材料与应用技术	
基于天然矿物混合材料的重金属污染场地稳定化技术	《土壤污染防治先进技术装备目录》（2017 年）
基于生物质灰复合材料治理土壤重金属污染的钝化技术	
水田土壤镉生物有效态钝化/稳定化技术	
土壤与修复药剂自动混合一体化设备	
履带式土壤稳定化修复设备	《2021 年重点生态环境保护实用技术和示范工程名录》
MetaCon 广谱型重金属稳定化修复材料	
MetaPro 特异型重金属稳定化修复材料	
MetaFarm™ 农田重金属钝化材料	
污染土壤双轴混合搅拌异位修复技术	《2019 年重点环境保护实用技术和示范工程名录》
土壤及地下水浅层搅拌修复技术	
土壤及地下水高压旋喷原位注射修复技术	
砷污染土壤层间离子交换稳定化修复技术	
河湖淤泥理化脱水及复合固化处置技术	《2018 年重点环境保护实用技术和示范工程名录》
农田重金属镉砷污染控制技术	
污染土壤及地下水高压旋喷注入装备	
基于天然矿物的修复制剂及其对土壤重金属的稳定化处理技术	
重金属污染农田钝化修复技术	《2017 年重点环境保护实用技术和示范工程名录》
六价铬化学还原稳定化修复技术	《2016 年重点环境保护实用技术和示范工程名录》
重金属污染土壤/底泥的固化/稳定化处理技术	《2014 年重点环境保护实用技术和示范工程名录》
异位固化/稳定化土壤修复技术	
EHC®-M/Daramend®-M 重金属稳定化技术	

《污染地块风险管控与土壤修复效果评估技术导则（试行）》（HJ 25.5—2018）明确了风险管控修复后效果评估的周期，并规定"实施风险管控的地块应开展长期监测"。由于城市建设用地后期开发时间紧迫，该标准出台后，固化/稳定化技术在污染地块治理中的应用面临处理后土壤难消纳的问题。

2018—2020 年，"土专项"共启动 20 个涉及固化/稳定化技术的研究项目。预期成果将包括绿色高效的重金属固化/稳定化/钝化功能材料、固废基固化/稳定化功能材料、重金属—有机复合污染固化/稳定化技术、原位/异位固化/稳定化装备、固化/稳定化与阻隔协同技术。

2.4.3.2 阻隔技术

（1）技术特点

该技术将污染土壤或经过治理后的土壤置于与四周环境隔离的填埋场内，或通过设置阻隔层以阻断土壤/地下水中污染物迁移扩散的路径以及地表水对污染土壤的淋滤等，使污染土壤与四周环境隔离，避免污染物与人体接触和随地下水迁移进而对人体和周围环境造成危害。

（2）适用范围

该技术适用于防止土壤/地下水中污染物迁移或扩散的风险管控。

（3）主要技术和经济指标

阻隔材料渗透系数一般要小于 10^{-7} cm/s，阻隔材料要具有极高的抗腐蚀性、抗老化性，对环境无毒无害；采用垂直阻隔的，阻隔系统要进入不透水层或弱透水层不少于 1 m。对于采用黏土作为覆盖阻隔层的，通常其厚度大于等于 300 mm，且经机械压实后的饱和渗透系数小于 10^{-7} cm/s，对于采用人工合成阻隔材料作为覆盖阻隔层的，一般需要满足《土工合成材料 聚乙烯土工膜》（GB/T 17643—2011）的相关要求。影响阻隔技术实施成本的因素较多，一般覆盖阻隔系统的费用为 180～550 元/m²，垂直阻隔系统的费用为 800～4 500 元/m²。

（4）发展现状

作为一种以防止污染扩散为主要目标的风险管控技术，近年来阻隔技术在污染场地风险管控工程中得到了大量应用，在工艺研发方面取得了显著成果，相关技术成果被收录于表 2-5 所列的技术目录。2020 年，工业和信息化部发布了《工业污染场地竖向阻隔技术规范》（HG/T 20715—2020）。

表 2-5　被国家主要技术目录收录的阻隔技术成果

阻隔技术/装备	技术目录
柔性垂直污染防控屏障系统	2020 年《国家先进污染防治技术目录（固体废物和土壤污染防治领域)》
矿山湿法系统污染防控的垂直屏障系统	《2015 年重点环境保护实用技术和示范工程名录》

2018—2020 年，"土专项"共启动了 15 个涉及阻隔技术研究的项目。预期成果将包括新型阻隔材料、表面覆盖材料、地下水污染扩散快速阻断材料、协同阻控材料、垂直阻隔施工技术装备等。

根据《污染地块地下水修复和风险管控技术导则》（HJ 25.6—2019），污染地下水修复所需的效果评估周期比采用风险管控技术进行治理的评估周期长。在涉及地下水治理的污染地块修复工程中，采用阻隔技术可以在一定程度上压缩后期效果评估所需时间，阻隔技术在地下水污染防治方面将有广泛应用。

2.4.3.3　异位热脱附技术

（1）技术特点

该技术通过加热将污染物从土壤中转移至气体中，再通过气体净化实现污染物去除。污染土壤经破碎、筛分等预处理后送入热脱附装置；通过控制污染土壤的加热温度和停留时间，将目标污染物加热到沸点以上，从而使污染物气化挥发达到污染物与土壤分离的目的，气化污染物进入气体处理系统去除或回收。异位热脱附设备是核心装备，按照加热方式的差异，分为异位直接热脱附和异位间接热脱附两种类型。

（2）适用范围

该技术适用于挥发性、半挥发性有机污染土壤、汞污染土壤修复。有机物含量高于5%的土壤不适用于直接热脱附设备，可采用间接热脱附设备处理。

（3）主要技术和经济指标

异位直接热脱附设备处理能力可达30～40 t/h，进料粒径小于50 mm，加热装置内气体温度150～850℃可调；土壤在加热装置内停留时间10～60 min可调；有机污染物去除率可达95%以上。

异位间接热脱附设备处理能力为1～20 t/h，土壤进料粒径小于30 mm、含水率小于30%，加热温度150～650℃可调，土壤在加热装置内停留时间10～60 min可调；有机污染物去除率可达95%以上。

异位热脱附修复处置费用一般为600～2 000元/t。

（4）发展现状

该技术在有机污染土壤修复工程中得到了大量应用，在设备工艺研制方面取得了显著成果，相关技术成果被收录于表2-6所列的技术目录。

2021 年生态环境部发布了《污染土壤修复工程技术规范 异位热脱附》（HJ 1164—2021）。

表 2-6　被国家主要技术目录收录的异位热脱附技术成果

异位热脱附技术/装备	技术目录
有机污染土壤异位微波修复装备	《国家鼓励发展的重大环保技术装备目录（2020 年版)》
异位热脱附装备	
微负压回转式间接热脱附装置	《国家鼓励发展的重大环保技术装备目录（2017 年版)》
热脱附式油基泥浆钻屑处理及土壤修复装备	
异位直接热脱附技术装备	《土壤污染防治先进技术装备目录》
异位间接热脱附技术装备	
有机污染土壤异位直接热脱附技术	2020 年《国家先进污染防治技术目录（固体废物和土壤污染防治领域)》
有机污染土壤异位热螺旋间接热脱附技术	
有机污染土壤热解脱附（TPDS）修复技术	《2018 年重点环境保护实用技术和示范工程名录》
异位间接热脱附技术装备	
异位直接热脱附技术装备	
含油污泥深度无害化处理技术	《2017 年重点环境保护实用技术和示范工程名录》

2018—2020 年，"土专项"共启动 6 个涉及异位热脱附技术研究的项目。预期成果包括低能耗、智能化、集约化、可快速移动及组装的成套热脱附技术与装备的研发和产业化应用。

作为一种高效快速修复技术，异位热脱附技术可以将土壤中部分污染物的浓度降低到《土壤环境质量　建设用地土壤污染风险管控标准（试行）》（GB 36600—2018）给出的第一类建设用地风险筛选值以下，修复后的土壤可以原地回填，不涉及最终处置、长期监测等问题，异位热脱附技术在有机污染地块土壤修复工程中的应用广泛。基于该优势，尽管异位热脱附技术比其他修复技术能耗高，在未来 5～10 年甚至更长的时间内，该技术在污染地块有机污染土壤修复方面仍具有显著优势。

2.4.3.4 原位热脱附技术

（1）技术特点

该技术通过向地下输入热能，加热土壤或地下水，改变目标污染物在地下的饱和蒸气压及溶解度，促进污染物挥发或溶解，并通过气相抽提或多相抽提实现对目标污染物的去除。按照加热方式的不同，原位热脱附通常分为热传导加热、电阻加热、蒸汽强化抽提等。

（2）适用范围

该技术适用于处理污染土壤和地下水中的氯代溶剂类、石油烃类、多环芳烃类、持久性有机污染物等挥发性、半挥发性有机物。原位热脱附技术不适用于地下水流速较快的污染区域的修复。

（3）主要技术和经济指标

热传导技术的额定上限温度为 750～800℃，电阻加热的额定上限温度为 100℃ 左右（由于地温梯度的原因，上限温度与电阻所处的地下深度有关），蒸汽强化抽提的额定上限温度为 170℃。原位热脱附修复费用一般为 1 000～2 500 元/m³。

（4）发展现状

原位热脱附技术不需要对污染土壤进行开挖，且可以高效修复土壤、地下水中有机污染物，自 2016 年以后，该技术在我国城市有机污染地块修复中得到了迅速推广，已先后有 20 个工程采用原位热脱附技术（表 2-7）。2021 年生态环境部发布了《污染土壤修复工程技术规范　原位热脱附》（HJ 1165—2021）。

表 2-7   被国家主要技术目录收录的原位热脱附技术成果

原位热脱附技术/装备	技术目录
污染土壤和地下水原位传导式电加热修复技术	2020 年《国家先进污染防治技术目录（固体废物和土壤污染防治领域）》
污染土壤与地下水原位传导式电加热脱附修复技术	《2020 年重点环境保护实用技术和示范工程名录》

由于原位热脱附能耗高、修复成本较高，其应用受工程投资影响较大。2018—2020 年，"土专项"启动 1 个专门进行原位热脱附技术研究的项目，主要开展原位热脱附技术与其他技术耦合工艺研究，实现比原位热脱附技术节能 40%以上、修复成本降低 30%以上的目标。通过该项目研究达到以下预期成果：研发出原位热脱附—蒸汽强化气相抽提、原位热强化微生物修复、热强化化学氧化/还原耦合修复技术与装备各 1 套。

2.4.3.5   化学氧化/还原技术

（1）技术特点

该技术是向污染土壤或地下水中加入氧化剂或还原剂，通过氧化或还原作用，使土壤或地下水中的污染物转化为无毒或相对毒性较小的物质。按照氧化剂添加方式的差异，通常分为原位化学氧化/还原和异位化学氧化/还原两种模式。

（2）适用范围

该技术适用于处理污染土壤和地下水。其中,化学氧化可处理石油烃、酚类、BTEX（苯、甲苯、乙苯、二甲苯）、含氯有机溶剂、多环芳烃、MTBE（甲基叔丁基醚）、农药等大部分有机物，也可用于处理氰化物污染；化学还原可处理重金属类（如六价铬）和氯代有机物。

（3）主要技术和经济指标

化学氧化/还原的修复费用为 500～2 500 元/m^3。

（4）发展现状

化学氧化/还原可以实现对土壤和地下水中有机污染物的分解和无害化处理，而且其修复成本相对比热脱附技术低，在有机污染土壤修复工程中得到了大量应用，在药剂材料、药剂注入工艺装备等方面取得了显著成果，相关技术成果被收录于表 2-8 所列的技术目录。

表 2-8　被国家主要技术目录收录的化学氧化/还原技术成果

化学氧化/还原材料/工艺/装备	技术目录
土壤原位修复智能喷射装备	《国家鼓励发展的重大环保技术装备目录（2020 年版）》
高压旋喷原位注射修复装备	
原位深层搅拌注入修复系统	
类芬顿氧化法污染土壤修复技术	《2018 年重点环境保护实用技术和示范工程名录》
	《土壤污染防治先进技术装备目录》
车载式原位注入装备	《土壤污染防治先进技术装备目录》
污染土壤及地下水高压旋喷注入装备	
有机污染土壤和地下水原位化学氧化修复技术	2020 年《国家先进污染防治技术目录（固体废物和土壤污染防治领域）》
有机污染场地高效循环注射处理技术	《2020 年重点环境保护实用技术和示范工程名录》
土壤及地下水浅层搅拌修复技术	《2019 年重点环境保护实用技术和示范工程名录》
注入井原位修复技术	
土壤及地下水高压旋喷原位注射修复技术	
增溶-氧化/还原协同修复技术	《2018 年重点环境保护实用技术和示范工程名录》
污染土壤及地下水高压旋喷注入装备	
EHC 原位生物化学修复地下水技术	《2014 年重点环境保护实用技术和示范工程名录》
Klozur 工业污染场地活化强氧化环境修复技术	

2018—2020 年，"土专项"启动了 7 个涉及化学氧化/还原技术、装备、工艺研究的项目，主要开展化学氧化/还原新材料、材料注入工艺和装备、增强化学氧化/还原技术等方面的研究。

2.4.3.6　土壤淋洗技术

（1）技术特点

该技术是采用物理分离或化学淋洗的手段，通过添加水或淋洗剂，将污染物浓缩到细颗粒中或将污染物从土壤转移到液相中。污染土壤经过除铁、筛分、水力分选等工序，将土壤中的大颗粒（砾石、砂粒等）组分与细颗粒（粉粒、黏粒等）组分分离。对于分离出的细颗粒，根据污染情况选用合适的技术进行处理。

（2）适用范围

该技术适用于土壤细颗粒含量小于 25%的土壤或底泥的处理。

（3）主要技术和经济指标

该技术的修复成本一般为 1 000～3 000 元/m³。

（4）发展现状

"十三五"期间，我国在淋洗技术和装备等方面取得了显著成果，国内淋洗设备的最大处理能力可以达到 100 t/h，相关技术成果被收录于表 2-9 所列的技术目录。

表 2-9　被国家主要技术目录收录的淋洗技术成果

淋洗工艺/装备	技术目录
污染土壤异位淋洗修复技术	《国家鼓励发展的重大环保技术装备目录（2017 年版）》
	《2018 年重点环境保护实用技术和示范工程名录》
土壤异位淋洗智能撬装装备	《国家鼓励发展的重大环保技术装备目录（2020 年版）》

2.5　行业发展中存在的主要问题

当前，我国土壤修复行业存在的主要问题表现在以下 5 个方面。

2.5.1　认识和理解不到位

我国的企业中普遍存在对《土壤污染防治法》和各项环境管理制度的要求认识不到位、不全面的现象。我国全面推进土壤污染防治工作起步不久，一些地区法律宣传普及形式单一、范围窄，社会各界尤其是企业领导和环保管理人员、社会公众对土壤污染防治的责任和要求、环境影响评价导则（土壤环境）的要求等尚不能充分认识和理解。各级生态环境主管部门非常缺乏有土壤和地下水专业背景的管理人员，认识不到位、管理不专业、人员队伍缺乏、缺少学习提高的机会等都是目前普遍存在的问题。

作为少数关键人的修复工程业主和各级土壤环境管理者缺乏全面认识，并且专业知识和能力不足。主要表现为对前期调查评估的重要性和修复工程的复杂性、艰巨性仍没有概念抑或是认识不够。一方面体现在业主方不合理地缩减前期调查及工程咨询的资金投入，导致前期没有充分摸清污染状况，更有甚者寄希望于工程公司为其提供修复方案服务；另一方面体现在对于修复资金投入量和工期预估不合理，强行限制资金的投入和工期的长度，对修复项目的顺利实施和竣工造成很大困难。

2.5.2　技术规范与标准体系不健全

分行业的修复工程技术规范性文件尚很缺乏。当前，土壤环境管理在责任认定、修复过程控制、施工管理等方面的技术规范仍非常缺乏，土壤环境背景值和环境基准方面的标准文件不足，影响了土壤修复工程修复目标值、修复方量和修复范围的确定，在一定程度上导致过度修复或修复不到位的问题出现。现有土壤环境质量标准基本上与全国土壤类型和土壤利用方式脱钩，难以支持国家及区域土壤环境标准化和差异化管理。

现有土壤环境调查和风险评估技术方法存在的问题较为突出。我国现有土壤环境调查技术方法缺乏对调查工作针对性、差异性和操作弹性方面的引导和鼓励，不能很好地体现对土壤环境调查新方法、新设备、新仪器使用的鼓励和导向作用，长期来看不利于我国多元化、精细化调查技术方法体系的建立与发展。我国现行风险评估技术导则并未考虑污染物的有效形态、对人体危害的有效性等问题，计算模型也进行了简化处理，没有给精细化风险评估技术方法的发展和应用留出"口子"，造成精细化风险评估长期以来停留在科研层面上，难以在工程实践中开展更多的验证和应用。调查和风险评估技术含量低，总体处于保守状态，创新性较低。

忽略修复（管控）实施方案的重要性。土壤修复（管控）实施方案在土壤修复全过程技术文件中的定位和作用不清，实施方案和初步设计之间的边界和关系不清，编制深度没有确切到位的规范性要求。实施方案编制和评审的重要性得不到制度上的支持。很多问题在实施方案编制阶段进行模糊处理，留给了工程施工阶段，造成当前实施过程中工程变更较为频繁，工程施工方作为"兜底"单位承担了很多风险，也为效果评估增加了技术难度。

2.5.3　设备和技术研发与工程水平不高

土壤污染防治与修复基础研究不足，原始创新较少。农用地和建设用地土壤环境修复和安全利用涉及多学科，是典型的多学科集成性行业。但目前在农用地和建设用地土壤环境修复方面的基础性研究总体不足，一方面科研院所开展的基础性研究尚不是以面向市场和实际工程的应用为导向，机理性和基础性研究成果难以指导工程项目的实施和药剂、设备的研发；工程项目在实施过程中缺乏足够的针对性小试和中试研究，照搬照套已有工程实施的经验和做法；重要的污染成因尚不能完全清晰、源-径-汇关系不明确，往往导致工程实施成效并不理想，或者无法取得稳定持续的修复效果。

修复设备化、规模化、产业化研究难以满足现实需求。我国在污染土壤和场地修复技术、装备及规模化应用上存在较大差距，关键修复装备严重不足，很多关键设备和修复药剂依赖进口，制约了修复技术的规模化应用和产业化发展。具体来讲，快速检测方面，污染现场的便携式快速检测仪器主要依赖进口，而国产仪器的精度、适用性及可靠性有待提高；在关键装备方面，支持快速修复设备的自主研发才刚刚开始；在工程应用方面，也缺乏规模化应用及产业化运作的技术支撑。

2.5.4　工程实施与项目管理存在较多困难

制度约束与开发建设紧迫之间的矛盾突出。有商业开发利用价值的污染地块在修复过程中面临的突出问题是修复工程实施周期短，给修复工程的技术选择、工程实施的绿色可持续性带来很大挑战。《土壤污染防治法》

明确规定，未达到治理修复目标和退出省级风险管控与修复名录的地块不能开展与管控和修复工程无关的项目。该规定一方面形成了当前修复工程周期与开发建设紧迫性之间的矛盾，另一方面也造成了土壤开挖、清运、回填等土石方工程反复进行，导致土壤修复工程与建筑工程地基建设、地下工程建设之间不能统筹和有效地衔接，在一定程度上提高了建筑工程的投资。

从业门槛低造成从业机构技术水平良莠不齐。"十三五"以来转型开展土壤污染防治的单位数量快速增加，不少国企、央企也在拓展和涉足土壤修复业务。当前我国咨询服务从业单位门槛低，从业单位多而小，整体从业水平较低。目前，我国土壤修复从业单位和人员总量不少，但专业从业经验超过 5 年的人才和专家数量仍非常有限。人才队伍的培养缺乏总体规划，商业化的短期培训效果不佳；获取工程实践经验的渠道和途径非常有限。与此同时市场竞争中的低价中标现象仍然普遍存在，据不完全统计，根据场地复杂程度及工作深度不同，目前前期咨询项目的服务价格为 4 000～12 000 元/亩①，跨度较大。部分项目低价中标诱导低价的形成，导致业主单位抓住从业单位多和竞争激烈的特点不断压低价格，形成恶性循环。

修复行业市场不规范，土壤修复工程效果难以保证。我国土壤修复行业起步较晚，行业处于成长期，市场秩序不规范、不公平竞争现象仍大量存在。特别是一些技术实力不够、缺乏经验与责任感的土壤修复公司进入市场，出现了工程层层转包、恶意压价和低价中标现象，造成很多土壤修复实际上不是污染治理而是污染搬家或二次污染。此外，相当一部分从业单位是从环保产业其他板块乃至其他行业转行而来，对污染场地的认知相对有限，对场地污染特征、水文地质情况、污染迁移转化机制以及场地概

---

① 1 亩=0.066 7 hm²。

念模型掌握不深，不少是照葫芦画瓢编制报告。

二次污染防治问题较难控制。污染场地土壤修复可能产生的二次污染包括修复过程中产生的废水、尾气、废渣、新生化学品、废热和噪声等。目前，国内污染场地修复以对场地扰动较大的异位修复技术为主，二次污染问题较为突出，特别是一些有严重异味的场地（如农药类场地和焦化类场地），在现有的技术、经济、社会关注条件下修复难度很大。

修复后土壤资源化利用率低。由于缺乏利用标准，修复后土壤再利用途径受到很多限制，常被当成固体废物进入填埋场，挤占本已紧缺的填埋容量。修复后土壤的去向问题越来越成为土壤修复工程项目能否顺利实施的限制因素。

2.5.5 市场机制与商业模式不成熟

修复资金来源渠道较为单一。在农用地安全利用方面，根据《土壤污染防治法》确定的土壤污染责任认定要求，农用地土壤安全利用工程实施总体依赖于各级政府的财政投入，资金非常单一。在建设用地方面，一方面依赖未来土地扭转和交易后形成的土地价值的增值，但更多的还是依赖"十三五"期间以中央财政土壤污染防治专项资金为主要来源的财政资金的投入，吸引各类社会资金积极、主动投入的来源有限。

土壤修复商业模式尚未形成。目前，在土壤环境咨询服务中，土壤修复是其产业链上的某个环节，项目单一，规模很小，不能很好地与区域土地规划、区域土壤开发建设、区域生态环境整治等构成一个整体，就事论事地做土壤环境调查和修复，市场小，影响力小，土壤修复商业模式尚未形成。

3

矿山生态环境修复行业发展现状及特点

3.1　矿山生态环境破坏现状

　　我国矿产资源丰富,主要矿山类型包括煤矿、金属矿、非金属矿山等。

　　大量的开采活动导致矿区生态环境破坏严重。矿山开采造成的主要生态环境问题有矿山地质灾害、矿区土地资源毁损、区域地下水系统破坏和矿区水土环境污染等。其中,常见的由矿山开采造成的地质灾害包括人工开采边坡失稳、采矿塌陷、地裂缝、尾矿库溃坝等。矿山开采对土地资源的毁损,不仅加剧了矿区土地资源短缺矛盾,还导致了土地经济和生态效益严重下降。在采矿过程中强制性疏干排水以及采空区上部塌陷开裂使上覆地下水漏失,严重影响和破坏了区域地下水系统,造成矿区及周边区域地下水资源破坏、地表植被枯死等一系列生态环境问题。矿产资源开发产生的各种废渣、废水,含有大量有毒有害元素,其不合理处置会对矿区及其下游的水土环境造成严重污染,尤以金属矿山酸性废水造成的水土污染最为严重。

根据中国地质调查局以市、县为单元的全国矿山地质环境调查数据统计，截至 2018 年，我国共有各类废弃矿山约 99 000 座，按矿产类型分，非金属矿山约 75 000 座，金属矿山 11 700 座，能源矿山 12 300 座[23]。2019 年在全国 31 个省（区、市）开展了矿山环境遥感监测，圈定 2018 年度采矿损毁土地（不含盐湖）361.05 万 hm²，约占全国陆域面积的 0.37%。其中，挖损土地（露天采场和取土场等）145.93 万 hm²，塌陷土地（塌陷坑、地裂缝）84.45 万 hm²，压占土地［排土场、废石场、矸石场、尾矿库（含赤泥堆）、矿山建筑等］130.67 万 hm²。由此可见，我国矿山企业的运行已经对矿山及周边的生态环境造成了严重破坏[24]。

典型煤矿开采破坏案例。山西阳泉山底河关闭煤矿区是我国典型的煤矿开采区。开采区位于娘子关泉域北侧中部流域，该流域属于温河一级支流，流域面积为 58 km²。流域内原有 28 座煤矿，后整合为目前的 7 座煤矿。闭坑"老窑水"蓄满采空区，从煤系地层最低处山底村出流至地表，进入温河下游碳酸盐岩渗漏区形成了对温河和娘子关泉域岩溶地下水的污染。山底河流域露天小煤矿私挖盗采现象严重，遗留了不少没有恢复治理的露天采坑，部分采坑积水严重，积水呈深褐色。

典型铜矿开采破坏案例。德兴铜矿开采始于 20 世纪 60 年代后期，经历了由井下开采到露天开采的过程，目前有两个采区（铜厂采区、富家坞采区）正在生产运营。德兴铜矿共有 6 处老窿洞有积水情况，除 2 号老窿以外，其余 5 处均存在外溢现象。老窿洞废水主要污染物为酸、铜和 SO_4^{2-}，其次为砷。此外，地表污水渗漏对地下水产生了铜、铅、镉、砷等污染，雨水对露天采场及废石场的淋溶产生酸性废水，这部分酸性废水收集不完全将导致下渗污染地下水；矿区酸性水库及尾矿库的库底未采取有效的防渗措施，其酸性废水及尾矿库废水的渗漏会造成地下水污染。

典型离子型稀土矿破坏案例。赣南地区占全国稀土矿资源的 2/3，历史上采取过池浸、堆浸和原地浸矿工艺。池浸和堆浸会大量破坏植被和矿山表层土壤，导致土壤酸化、土壤肥力流失、水土流失、地表水和地下水污染等问题，原地浸矿虽然对表层土壤和植被的破坏较小，但大量浸矿剂的注入造成了土壤和地下水污染问题及山体滑坡问题。相关观测资料表明，赣南稀土矿区地下水主要污染因子为 pH、氨氮、硫酸盐和溶解性总固体等，氨氮污染范围可延至下游 3 km 处；硫酸盐和溶解性总固体迁移距离较短，仅分布在矿区及矿区附近[25]。矿区附近土壤 pH 均低于 5.0，矿区内河水中的 pH 为 5.32～5.76，水环境的酸化也会反过来影响土壤的酸化[26]；浸矿剂的注入同时使土壤质量降低，定南县某稀土矿区经采矿结束后，土壤质量严重退化，土壤全氮、有机质、有效磷和速效钾分别下降为 0.23 mg/kg、1.03 mg/kg、5.10 mg/kg、40.74 mg/kg，土壤养分严重匮乏。寻乌县某稀土矿经浸矿结束后，尾砂中有机质含量为 1.5 g/kg，土壤有效氮含量仅为 2.4 mg/kg，土壤有效磷含量为痕迹，尾砂土壤严重缺乏植被正常生长所需的养分。赣南地区废弃稀土矿山达 302 座，遗留的尾矿为 1.91 亿 t，被破坏的山林面积为 85.85 km^2，赣南稀土矿区的生态修复迫在眉睫[27]。

典型多金属矿开采破坏案例。大宝山矿区地下水质监测结果表明，大宝山矿区的地下水受到较重的污染，民窿开采点较为严重。新山历史遗留民采区大量的裸露土地和多条民窿未完成治理，水土流失严重，民窿涌水酸性强，重金属浓度极高，超标的项目共 12 项，包括 pH、高锰酸盐指数、氟化物、铅、锌、锰、镉、镍、铁、砷、铜和铊。下游民井地下水中重金属指标超标严重。

典型锑矿开采破坏案例。我国锑储量和产量均居世界之首，湖南省冷水江市的锡矿山锑矿区是已有百年开采历史的"世界锑都"。矿区以七里江为界分为南矿和北矿两个矿区，总面积约为 26 km²。目前，锡矿山北矿和南矿均采用竖井结合不同中段水平巷道的开采方式。其中，北矿童家院矿井水在飞水岩放水巷处排入地表河流飞水岩溪内，南矿飞水岩矿井水排至地表玄山河内。受矿山采矿、选矿、冶炼等活动的影响，地下水环境中的锑含量已显著升高。辉锑矿（Sb_2S_3）的氧化作用是地下水中锑的主要来源之一，同时矿区地下水中锑污染也受到了废石废渣淋滤和冶炼废水泄漏的影响。

3.2 主要政策与制度分析

（1）近年来国家层面出台的政策和法规为矿山生态修复治理提供技术指导和支持，推动矿山生态修复产业进入了快速发展阶段。

2015 年，国务院发布实施的《水污染防治行动计划》是为切实加大水污染防治力度，保障国家水安全而制定的法规。该文件提出要全力保障水生态环境安全，防治地下水污染，针对矿山开采区应进行必要的防渗处理，报废矿井、钻井、取水井应实施封井回填，对于环境风险大、严重影响公众健康的地下水污染场地，明确开展修复试点工作。《水污染防治行动计划》的出台，表明我国地下水污染的严重性已引起广泛关注，同时也面临着迫切的修复需求，推动了矿山地下水环境修复治理的发展。

（2）建设用地土壤修复和污染地块地下水修复技术导则在矿山生态环境修复过程中发挥了重要作用，使得矿山土壤和地下水修复过程中的技术服务有了基本遵循。

2019 年，生态环境部相继发布了《污染地块地下水修复和风险管控技术导则》（HJ 25.6—2019）和《建设用地土壤修复技术导则》（HJ 25.4—2019）。这两个文件为矿山土壤和地下水修复治理技术选择提供了重要技术指导，规定了土壤和地下水修复的基本原则、程序、内容和技术要求，为矿山生态修复行业的规范化发展奠定了基础。

（3）建立激励机制有效吸引社会资本进入矿山生态修复领域。

2016 年，国土资源部等部委联合发布《关于加强矿山地质环境恢复和综合治理的指导意见》，提出着力完善开发补偿保护经济机制，大力构建政府、企业、社会共同参与的恢复和综合治理新机制。针对治理资金方面，创新性提出加大财政资金投入与鼓励社会资金参与相结合。自 2019 年以来，陆续出台了《自然资源部关于探索利用市场化方式推进矿山生态修复的意见》《自然资源部关于开展全域土地综合整治试点工作的通知》，自然资源部发布《关于建立激励机制加快推进矿山生态修复的意见》，通过赋予一定期限的自然资源资产使用权等激励机制，吸引各方投入，推行市场化运作、开发式治理、科学性利用的模式，加快推进矿山生态修复。

（4）全国重要生态系统保护和修复重大工程总体规划及《中华人民共和国长江保护法》的出台为加快开展矿山生态环境修复工作指明了主要方向。

2020 年，《全国重要生态系统保护和修复重大工程总体规划（2021—2035 年）》公布，明确了以"三区四带"为核心的全国重要生态系统保护和修复重大工程总体布局，矿山生态修复是主攻生态问题之一。在青藏高原生态屏障区、黄河重点生态区、长江重点生态区、东北森林带生态保护区、"三北"防沙带生态保护区等区域开展矿山环境修复重点工程,大力开展历史遗留矿山生态修复,实施地质环境治理、地形重塑、土壤重构、植被重建等综合治理,恢复矿山生态环境。在南方丘陵山地带,大力推进水土流失和石漠化综合治理,逐步进行矿山生态修复、土地综合整治,进一步加强河湖生态保护修复,保护濒危物种及其栖息地,连通生态廊道,完善生物多样性保护网络,开展对有害生物防治工作,筑牢南方生态安全屏障。《中华人民共和国长江保护法》提出:长江流域县级以上地方人民政府应当因地制宜采取消除地质灾害隐患、土地复垦、恢复植被、防治污染等措施,加快历史遗留矿山生态环境修复,并加强对在建和运行中矿山的监督管理,督促采矿权人切实履行矿山污染防治和生态环境修复责任。

3.3　修复市场现状及特点分析

3.3.1　市场规模

我国在发展经济的同时,矿产资源的开发利用也造成了严重的生态破坏和环境污染,成为制约我国经济、社会长远发展的重要因素。生态修复是解决矿山环境保护和综合治理的有效途径。近年来,我国矿山生态环境修复市场发展较快,从过去简单的"复绿"发展到生态功能的恢复与提升,成为环境修复中的重要组成部分。

PPP(Public-Private Partnership)模式作为政府与社会资本合作的一种模式,既能够分担投资风险,又能保障社会投资者的基本收益。2020 年 2 月底,全国 PPP 综合信息平台项目管理库统计数据显示,矿山生态建设和环境保护累计项目数为 927 个，占比约为 9.8%；累计项目投资额为 10 060 亿元。根据中研普华研究院报告《2020—2025 年中国矿山生态修复产业深度调研及投资前景预测报告》，2016—2019 年我国矿山生态修复行业市场规模不断扩大，且增速也呈现出上升趋势，2016 年国内矿山生态修复行业市场规模约为 2 640 亿元，2019 年全国矿山生态环境修复行业市场规模增长到 3 872 亿元，年均复合增长率达 13.62%。2016—2019 年市场规模及变化情况如图 3-1 所示。

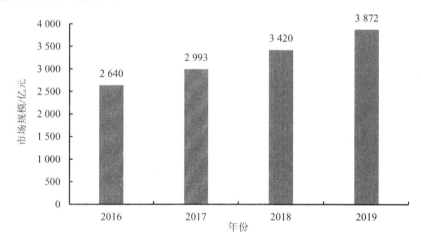

图 3-1　2016—2019 年中国矿山生态环境修复行业市场规模

矿山生态环境修复咨询服务主要为矿山生态环境方面的环境污染调查、风险评估及实施方案类项目，以及土地复垦、景观恢复、矿山地质灾害防治等类别。包括从源头防管控、过程阻断、末端治理、优化管理的全过程。矿山生态环境修复咨询服务类项目的市场前景较好，根据相关项目统计数据，目前，咨询服务项目的市场规模占比较小，为修复工程市场规模的 2%～5%。

矿山生态环境修复的咨询项目及工程项目是相辅相成的，在咨询项目的基础上，紧跟着修复工程的落地实施。国家着力推动的"山水林田湖草沙冰"及区域综合整治类工程项目中也涉及矿山生态修复工程，市场潜力很大。

3.3.2 发展驱动力分析

当前，我国矿山生态环境修复行业整体格局在很大程度上是由环保政策、行业技术以及商业模式这 3 大因素驱动和决定的。在上述 3 大因素之中，环保政策又是当前行业最主要的驱动力所在，是决定矿山生态环境修复行业发展态势最重要的因素。

随着我国土壤和地下水污染预防、调查评估、治理修复和再开发利用等方面环保法规的逐步完善，以及《土壤污染防治法》等行业法规的依次颁布，以土壤和地下水污染为切入点的环境责任追究对矿山生态环境修复行业市场产生较大的驱动作用。与此同时，自然资源部发布的《关于建立激励机制加快推进矿山生态修复的意见》提出了遵循"谁修复、谁受益"的原则，通过赋予一定期限的自然资源资产使用权等奖励机制，吸引各方投入，推行市场化运作、开发式治理、科学性利用的模式，加快推进矿山生态修复。此外，随着公众环保意识的不断提升，公众和媒体监督及政府环保督察等也成为矿山生态环境修复行业发展的一大驱动力。

从资金层面上来看，矿山生态环境修复行业前期发展的主要资金驱动来源于政府支持资金（如国家重金属专项资金、地下水专项资金投入等）及地方土地出让资金等，类比国外矿山生态环境修复行业发展趋势，今后矿山生态环境修复行业将逐渐步入行业发展成熟期，企业本身环境责任驱动的修复将逐渐成为主流。

另外，国家持续投入相关技术研发，在矿山生态环境修复方面进行污染形成机制、监测预警、风险管控、治理修复、安全利用等方面的技术支持、材料和装备的创新研发以及典型示范，形成了矿山生态环境修复的系统解决技术方案与产业化模式，为行业发展提供了重大科技支撑。

3.4 修复技术及装备发展现状

国外矿山的生态修复工作可追溯到 19 世纪末，到 20 世纪中期已经开始了系统化、规模化的治理工作，并在修复技术及装备上获得了大量的成功经验[30]。我国矿山的生态修复技术研究起步较晚，从 20 世纪 80 年代萌芽阶段（1980—1990 年）的采煤塌陷地复垦技术，经历了初创阶段（1990—2000 年）的采煤沉陷地治理技术、煤矸石山和露天矿复垦技术，发展到东中部煤矿区土地复垦技术和西部生态脆弱区土地复垦与生态修复技术取得突破[31]。按照技术类型分类，现有的矿山生态修复技术可分为边坡治理技术、景观重塑技术、植被恢复技术、土壤重构技术以及水土环境管控和修复技术。

3.4.1 边坡治理技术

边坡治理主要通过坡面处理结合坡面植被恢复的方法来实现。发达国家较早地将工程手段用于矿山废弃地生态修复，开发了多种边坡稳固和工程绿化技术措施，包括种子喷播法、纤维绿化法、钢筋水泥框格法、植生卷铺盖法、客土喷播法、植生吹附工法、生态多孔混凝土绿化法、客土袋液压喷薄植草法、挂双向格栅技术、生态植被带生物防护、挂网植生基材喷附技术、生态灌浆、六棱连锁砖网格植草护坡等[32]。近年来，我国也开发了一系列边坡治理技术，其中广泛应用的有厚层基材喷射绿化法、生态植被毯铺植、植被混凝土技术、PMS 基材喷附技术、VRT 矿山植被恢复技术组合创新等。由于各矿山废弃地立地条件的差异，生态修复过程所采取的工程技术措施也不尽相同[33]。有学者根据矿山废弃地场地坡度的不同将生态修复工程技术分为 3 类：小于 40°坡面采取喷混植生技术、土壤生物工程技术、柔性边坡技术、挂绿化笼砖技术；40°～75°坡面采用植生槽、阶梯爆破技术、厚层喷射法、爆破燕窝复绿法、喷薄筑台拉网法；大于 75°坡面则采用造景等方法[34]。

针对矿山边坡生态修复治理技术，2020 年发布了《露天采石矿山高陡台阶边坡生态修复工程技术规范》（征求意见稿）和《矿山边坡生态恢复技术标准》（征求意见稿）用于指导实践。《绿色技术推广目录（2020 年）》中提出"基于'类壤土'基质的矿山生态环境综合治理技术"，即"结合工程学、植物学、土壤学等学科，通过仿生技术快速模拟出自然界中适合植物生长的土壤腐殖质层和淋溶层，辅以适宜的乔灌木比例。基质与岩质（土质）边坡有足够的黏结力，以保证坡面的植被能在岩质（土质）边坡生长扎根。无须人工管理，植被自然生长，恢复原有山貌"。可见，立体生态护坡技术是矿山生态修复技术的主流技术之一。

3.4.2 景观重塑技术

景观重塑主要包括充填复垦和非充填复垦两大类。充填复垦是利用河湖淤泥、建筑垃圾或者煤矸石、粉煤灰等矿山废渣作为充填材料，对塌陷地进行填充。非充填复垦主要包括疏排法、挖深垫浅法、土地平整法、修筑梯田法、直接利用法等。其中，挖深垫浅法是最常用的方法，适用于沉陷较深，有积水的中、高潜水位地区。土地平整法和修筑梯田法主要适用于不积水沉陷区、低潜水位或已采取排涝降渍措施的中、高潜水位地区。对于损毁程度低、危害程度小的土地，可因地制宜地直接加以利用。

由于矿山开采活动形成的人造景观与周围原有景观不协调，导致了一系列生态问题，由此衍生出仿自然地貌理论[35]。仿自然地貌要求复垦后地形与当地自然景观相协调，统筹保护土壤、水源和环境质量，复垦土地应当达到当地原有的可持续发展的景观生态环境水平。这是未来矿山生态修复中景观重塑的发展方向。

3.4.3 植被恢复技术

矿山废弃地植被恢复是矿山废弃地生态系统修复和重建的基础，因此，植物物种选配和种植技术一直是矿山废弃地植被恢复的研究热点[32]。目前，研究者已根据矿山不同退化区生态恢复技术的要求与研究区生态修复等级划分结果，分别开展了不同修复等级区不同植被恢复技术的评估与筛选。结合具体坡位和坡度采取相应的治理方法，筛选不同生态退化区的适宜性品种，并依据矿区不同区段的养分、水分等生态限制因子，对各类先锋物种进行合理配置，对退化区表土剥离复垦、客土植物种植、尾矿砂种子包被养分调控等技术手段进行集成应用，研制适合矿区生境特点的先锋物种养分调节配方与种植方法，完善相关抚育措施及材料，力争实现矿区不同生态退化区先锋植被直种，减少客土量，降低退化区生境恢复成本，提高先期生境恢复效率。形成矿山陆域生态退化区不同区域最佳修复先锋植被种类，并形成先锋物种抚育强化技术体系。

土壤种子库与植被群落的发生、更新、物种多样性和组成有着极为密切的联系，在国外土壤种子库已经被应用于矿山废弃地的生态修复实践中。国内对于土壤种子库在矿山废弃地生态修复方面已有一定的理论基础，如土壤种子库的自我更新能力、种类、数量、密度及分布空间、各种植物的组成型等，都成为矿山废弃地植被恢复的研究热点[32]。

3.4.4 土壤重构技术

矿山生产活动使矿区及附近土壤的理化性质遭到破坏，只有通过人工修复的方式恢复土壤的团粒结构、酸碱度以及持水保肥能力才能实现矿山废弃地的土地复垦和生态环境修复。应用于矿山废弃地土壤重构的技术主要有物理、化学、生物以及生态等方面的技术[36-38]。

物理技术是通过对土壤进行排土、换土、去表土、盖客土或是深耕翻土法来进行物理恢复。

化学修复是指通过添加各种化学物质，使其与土壤中的重金属发生化学反应，从而降低重金属在土壤中的水溶性、迁移性和生物有效性。物理-化学组合修复技术一般采用固化/稳定化过程来固定有害物质，如水泥-石灰固化/稳定化修复技术、水泥-火山灰固化/稳定化修复技术。生物改良是通过利用植物、土壤动物和微生物的生命活动及其代谢产物来改良土壤的理化性质和土壤营养状况。如豆科植物、杨梅、沙棘等能够使矿山废弃地中氮含量显著提高，同时都具有较强的固氮能力。近年来，利用植物来提取和降低矿山废弃地土壤中的重金属的方法为土壤改良提供了新途径，土壤动物在改良土壤结构、增加土壤孔隙度及增强土壤肥力方面都发挥着重要作用。其中,"基于蜈蚣草的砷污染土壤植物修复技术"被收录于《土壤污染防治先进技术装备目录》(2017 年);"矿区土壤重金属污染原址阻控-植被重固技术"被收录于《重点环境保护使用技术目录》(2018 年);"铁尾矿库生态修复技术"被列入 2020 年《国家先进污染防治技术目录(固体废物和土壤污染防治领域)》。由此可见,土壤重构技术中的化学和生物改良已作为矿山生态修复技术中推广的先进技术。

3.4.5 水土环境管控和修复技术

矿区水土环境污染问题依靠管控和修复技术共同来解决。管控主要包括覆盖阻隔技术、垂直阻隔技术、水平衬垫阻隔技术 3 大类。德兴铜矿酸性废石场覆盖阻隔生态修复工程和福建紫金铜业堆浸场水平衬垫阻隔工程已成功实施。

目前,"矿山湿法系统污染防控的垂直屏障系统"被列入《2015 年重点环境保护实用技术和示范工程名录》,"柔性垂直污染防控屏障系统"被列入 2020 年《国家先进污染防治技术目录(固体废物和土壤污染防治领域)》,阻隔技术也是矿山生态修复技术的主流技术之一。

在矿山生态修复的过程中,水质修复也是恢复生态环境的重要部分[17]。在处理、控制矿山水污染的过程中,可以采用生物化学法、反渗透法、热力法、湿地生态工程法等处理方法进行矿山水体水质修复。其中,被有毒物质或有害元素污染的水资源可以通过离子交换和膜处理等,达到修复矿区水污染的目的。

综上所述,矿山生态修复的主流技术包括立体生态护坡技术、仿自然地貌技术、土壤种子库技术、土壤的化学和生物改良技术以及阻隔技术等。2018—2020 年，国家重点研发计划"场地土壤污染成因与治理技术"专项的相关项目中涉及矿山生态修复技术的有"重金属尾矿库污染高效固化/稳定化材料、技术与装备""矿区酸化废石堆场复合污染扩散阻隔技术""离子型稀土矿浸矿场地土壤污染控制及生态功能恢复技术""有色金属矿区地下水污染防控技术体系""煤矿区场地地下水污染防控材料与技术""锑矿区锑砷污染源阻断及生态治理技术""矿区及周边场地砷污染扩散阻控与修复技术"等。

3.5 行业发展中存在的主要问题

（1）区域性矿山生态修复严重不足

我国矿山生态修复历史欠账多，且面临"旧账"未清又添"新账"的问题。据 2019 年全国矿山环境遥感调查与监测数据，全国采矿损毁土地面积达 361.05 万 hm²。截至 2018 年，全国累计完成生态修复面积 93.08 万 hm²，尚余大量矿山采矿损毁土地亟待生态修复，且采矿损毁土地面积每年以大于 5 万 hm² 的速度新增，区域性矿山生态修复严重不足[24]。

（2）矿山生态修复法律法规、制度不健全，监管体制不完善

矿山生态修复法律法规、制度不健全[40]。我国尚未制定统一完善的生态修复法律法规，目前没有专门的矿产资源开发生态修复方面的法律。生态环境修复的许多规定仍只是停留在政策层面，且缺少矿山生态修复工程验收规范。因此，亟须完善矿山生态修复方面的法律法规和制度规范。

监管体制不完善。我国矿山生态修复尚未建立"源头预防、过程控制、损害赔偿、责任追究"的制度体系，尚未设立针对矿区修复的管理部门，

管理工作涉及多个部门。每个部门制定与职责相应的政策，缺乏有效沟通交流，且矿区修复过程及成果缺少专门的组织机构监督、验收，成为修复效果不理想的重要原因之一。需要建立一个统一且独立的矿山修复管理机构，协调矿产资源开发和矿区土地复垦、生态环境保护过程中各方利益，并研究制定相关法规政策，力求将矿山生态修复贯穿于矿山建设到开采结束后整个生命周期全过程，做到源头提前防治，开采过程主动监控，闭矿后及时治理。

（3）矿山生态修复资金来源单一，修复模式单一，盈利模式不清晰

矿山生态修复资金来源单一。我国废弃矿山历史欠账较多，废弃矿山生态修复资金大多依靠政府投入和专项资金补贴，地方配套困难，制约了矿山修复行业发展。应采取多种方式积极引导社会资本参与矿山生态修复[41]。

矿山生态修复模式单一[41]，修复成效不明显。矿山生态修复既要修复受损的矿山生态系统，也要综合考虑矿山生态系统与社会经济系统的耦合关系，实现矿地可持续发展，构建和谐稳定的矿区生态-经济-社会系统。长期以来，由于未将矿山及周边区域作为完整的生态系统来考虑，没有实现真正意义的"整体保护、系统修复、综合治理"，导致部分矿山生态修复工程修复模式、治理措施相对单一，仅简单进行土地复垦和矿山复绿，矿山生态修复成效不明显。此外，由于利益的驱动和评价标准的缺失，修复责任方采取单纯增加植被覆盖率的短期策略，而忽视矿山生态功能的系统修复和长期稳定，难以形成自身维持的生态系统，甚至在矿山生态修复实施前未进行系统评估决策，盲目采取工程措施，已经对矿山生态系统产生了较大的影响。矿山生态修复缺乏统筹管理，治理中重地质灾害预防、弱生态修复的现象明显，缺乏系统的修复规划和再利用规划，造成了矿区

生态修复长期成效不明显。

矿山生态修复盈利模式不清晰[42]。长期以来，矿山生态修复一直以投入为主，以治理地质灾害、对矿山进行土地复垦和复绿获取生态价值为主，获得经济上盈利的修复模式较少。随着经济、技术的发展，矿山生态修复除了治理地质灾害隐患、土地整治及植被恢复等单一修复模式，还应积极探索更多的盈利模式，吸引社会资本的投入，引领矿山生态修复行业良性健康发展，如探索矿山生态修复+土地指标流转、生态农业、旅游康养、光伏发电、房地产开发等模式[41]。

（4）矿山生态修复工作不全面、不彻底

目前，我国矿山生态修复工作侧重于植被恢复，但矿山生态修复一定要从矿山表面复绿进阶到生态功能修复，总体上应该重新建立一个完整功能性的生态系统，包括土壤、微生物、动物、植物等，而不仅是植被恢复。

目前，我国有色金属矿山也存在土壤和地下水重金属污染问题，其主要来源为含重金属的酸性废水和大宗矿山固体废物雨水淋滤产生的含重金属废水大量无序排放。

针对矿区土壤及地下水的重金属污染控制措施主要是采用源头阻控，即通过复垦时的阻隔措施减少污染物的淋滤和渗出，但污染阻隔只能在一定程度上缓解水土环境重金属污染，不能从根本上解决污染问题，矿区末端治理即地下水原位修复、异位修复运用较少，土壤化学淋洗技术、化学氧化修复技术及其他原位修复技术运用也较少。其原因在于矿区通常面积较大，水文地质条件复杂，水土环境污染范围及深度大，难以精准确定，地下水和土壤原位及异位修复技术成本高，在矿区的应用效果尚待考验。应探索源头阻控及末端治理相结合的技术，全面彻底解决矿山水土环境污染问题。

（5）矿山生态修复行业科技支撑能力不强

我国矿山生态修复技术正在向二次扰动更少、恢复效果更好的生物技术转变，修复实施向边开采边修复转变。但是，在矿山生态修复理论研究、新技术及装备研发应用、标准体系建设等方面还比较欠缺，理论研究、工程应用、管理实践之间存在一定程度的脱节，总体科技支撑能力不强。

矿山生态修复技术及装备不够完善。我国矿山生态修复研究工作起步较晚，自行研发的核心修复技术和成功应用的案例类型不多，一部分还停留在技术研发和小试阶段，少有自主技术和设备能够满足工程应用的要求。尤其是部分修复技术的设备还不够完善，技术成本过高，导致修复工作不能正常进行[43]。

缺乏筛选修复技术的方法体系。各类修复技术都有其适用的范围和污染类型，同一区域内如何优选和确定修复技术的科技支撑不足，往往只能以实验室模拟试验的结果做参考，与工程应用现场的实际情况常有较大出入，修复效果未必理想。

常用的修复技术难以实现污染物的真正去除。工业污染场地土壤修复技术多以异位修复为主，目前，常用的技术主要包括挖掘+热脱附、挖掘+固化/稳定化/填埋、挖掘+水泥窑处置，甚至包括最原始的土壤挖掘+转移，简单的挖掘固化技术并没有真正地消除污染物，只是将污染物进行了转移或者暂时固定，没有实现污染物的真正去除。

亟须研究各项修复技术的组合应用。在土壤修复中，采用物理法治理土壤重金属污染虽然效果较好、效率很高，但是仍存在不能完全消除重金属污染，仅仅是转移污染，仍需要进行再次处理的问题。采用化学法治理土壤重金属污染，需要选择合适的处理方法，处理效率较高，但处理成本也较高，并可能带来二次污染。如果采用原地淋洗的方法，还必须投入大量人力、物力摸清水文地质条件，以免对地下水造成污染。采用生物法进行土壤重金属污染治理，不仅成本较低，不会带来二次污染，还能够在治理重金属的同时修复矿山的生态系统，但是其重金属污染治理效率较低、效果较差[44]。今后的研究趋势，不仅是提高单个方法的处理效果，还要将物理法、化学法和生物法联合使用，扬长避短，得到一个最优化的处理效果。

4

土壤和地下水环境修复中长期发展形势和需求分析

4.1 全球土壤污染总体形势

2021 年 6 月 4 日，罗马-联合国粮食及农业组织（粮农组织）与联合国环境规划署发表了《全球土壤污染评估》。该报告指出，日益加剧的土壤污染和随处丢弃的废弃物正在威胁着未来全球的粮食生产以及人类的健康，需要全球即刻行动起来，以应对这一挑战。

该报告指出，为有效应对和缓解土壤环境污染，需要各国家协调一致地行动来应对土壤污染挑战，最终改善土壤环境质量，建立全球土壤污染信息及监测系统，制定更强大的法律框架预防、修复土壤的污染，加强行动以促进技术合作和能力发展，以支持联合国可持续发展目标的实现。该报告认为防治土壤污染的首要行动是预防。所有利益相关者都必须采取果断措施预防土壤污染，从人们消费决策中的小行动开始，延伸到制定鼓励工业创新和采用无害环境技术的严格政策和激励措施。

报告最后提出了加强土壤污染预防与修复的未来发展趋势与倡议，主要内容包括：

（1）补污染循环知识空白：从识别和定位到监测。包括：

①统一实验室土壤污染物分析的标准操作程序，并制定土壤污染的标准化阈值水平；

②推动建立全球土壤污染信息与监测系统；

③增加对新兴污染物的针对性研究和创新的投资；

④发展和加强在国家、区域和全球层面对点源和弥散土壤污染进行清查建库和监测；

⑤建立和加强国家生物监测和流行病学监测系统。

（2）加强立法构架和技术行动。包括：

①强制遵守关于化学品、持久性有机污染物、废物和可持续土壤管理的国际协议；

②建立一个旨在防治土壤污染的激励和认可制度，包括生态标签或自愿遵守土壤可持续管理准则；

③倡导在零污染/向无污染地球计划前进的框架内预防、制止和修复土壤污染的全球承诺；

④改进关于工矿排放的国家和国际法规，促进环境友好的工业过程；

⑤制定和促进"修复权"政策，减少对制造材料的计划报废的激励；

⑥激励和减少一次性物品（特别是材料和食品的包装）的使用；

⑦实施适当的废物收集和绿色管理政策，促进回收并确保在国家内部和国家之间对不同类型的废物进行适当处理；

⑧实施旨在农用地可持续管理的政策，特别注重减少对农用化学品的

依赖并控制灌溉水和有机残留物的质量;

⑨制定与实现可持续发展目标相关的土壤污染目标和指标并将其纳入国家报告机制;

⑩扩大基于自然和无害环境的可持续管理和修复技术(如生物修复)。

(3)提高认识,加强沟通。包括:

①发起一场针对土壤污染的全球意识提升运动;

②促进实现"土壤无污染"绿色发展路径,着力打造农业、林业等土壤无污染生态高地;

③促进公民科学活动和公民观察站建设,以促进早期预警系统建设和基于社区的土壤污染监测;

④提高公众对负责任和环境友好消费的认识,鼓励废物源头分离和废物分级;

⑤倡导将土壤健康和土壤污染主题纳入学校和高等教育机构的通识教育。

(4)促进国际合作和土壤污染监测网络建设。包括:

①通过国际活动促进科学知识的传播,并促进信息在开放获取来源中的发布;

②倡导土壤污染从预防到检测、监测、管理和修复的全周期技术转让和交叉能力建设;

③建立和加强跨界监测网络,以预防、管理和修复扩散的污染;

④建立一个全球培训计划,以发展土壤污染全周期管理的能力。

分析该报告中的观点,对比我国当前土壤污染防治所处的阶段,从中可以看出,目前,我国总体还处于解决突出的土壤污染问题的阶段,缺乏从大尺度、宏观层面上研究土壤污染的来源、成因、分布、迁移、扩散、危害等问题，对土壤污染的认识还要不断加强，尤其是土壤污染源头防控方面，还需要更加广泛和有力的政策措施，推动生产、生活和消费的全面绿色低碳转型发展（表4-1）。

表 4-1　国际土壤污染评估报告中观点与我国所处阶段对比分析

报告中的主要观点	我国所处阶段
土壤污染对贫困、食物、水、空气、健康的影响非常明显，但 2030 年可持续发展议程提到的其他领域也直接受土壤污染的影响。如果不解决导致和加剧土壤污染的所有问题，2030 年可持续发展议程的实现可能会遭受阻碍。土壤污染在地方和国家层面都有影响，并具有跨界效应	发达国家对土壤污染造成的危害的认识更加广泛和深刻，涉及贫困、食物、水、空气、健康等因素。我国对土壤污染的危害还缺乏系统性、长远性研究，目前主要是从显性方面认识土壤污染。同时，我国目前对土壤污染的跨区域转移问题基本未开始研究，所以对跨地区污染转移的途径、危害等尚没有明确认识
近几十年来，通过对一些国家的点源土壤污染开展研究、调查和监测，已在污染物在土壤中如何分布、迁移及其与土壤生物的交互作用等方面有了较多认识。然而，在污染区域的数量和范围方面仍然存在较大知识差距和不确定性。由于污染物的数量众多，其物理化学特性的变化以及它们与土壤的多重相互作用，使得污染物负荷估计变得非常复杂	通过国外的研究发现，土壤污染的连续监测、调查与评估是非常重要的，目前我国在这方面的研究基础非常薄弱，研究尺度主要停留在具体的污染地块或者污染的农用地，基本未开展区域尺度的土壤污染的连续监测与评估，对区域尺度上土壤污染物的迁移、转化、分布，以及与土壤生物的交互作用认识非常缺乏
报告强调了影响多种土壤污染物来源，以及污染性化合物和化学元素使用量的普遍上升趋势。因此，生产和消费模式需迅速转向危害较小的产品和较低的生产率以及原材料和产品的更多回收和再利用，否则土壤和环境污染会增加	报告多次提到生产、生活和消费方式中的不可持续性是造成土壤污染的主要原因，强调要从生产、生活和消费绿色低碳转型抓起，才能遏制土壤污染加剧的趋势。这点对我国土壤污染防治系统性政策的制定和全社会共同参与是很好的启发，在解决突出的土壤污染问题时，还应从现在开始，立足于更广泛的土壤污染来源、成因、转化、迁移、危害等的研究，从而制定更加长远和深刻的土壤污染预防政策

报告中的主要观点	我国所处阶段
报告提出 4 个方面的未来土壤污染防治和修复的展望与倡议，包括：①填补污染循环知识空白：从识别和定位到监测；②加强立法构架和技术行动；③提高认识和沟通；④促进国际合作和土壤污染监测网络建设，每个方面报告中均有具体的阐释和倡议	这些内容值得我国政策研究者、土壤修复者和相关者研究，并尽快在国家层面上的相关政策（如国家"十四五"生态环境保护规划、国家"十四五"土壤污染防治规划）中体现

4.2 支撑"美丽中国"目标的土壤污染防治要求

土壤是经济社会可持续发展的物质基础，土壤环境安全关系人民群众身体健康和生态受体安全，是支撑"美丽中国"和生态文明建设的重要基础，保护好土壤环境是推进生态文明建设和维护国家生态安全的重要内容。

欧美等发达国家和地区修复产业发展的经验表明，土壤修复产业的快速发展要经历 20～30 年的周期，随后进入发展的平稳期。我国土壤环境修复从 2016 年开始进入快速发展阶段，为此，到 2035 年前是我国土壤环境修复行业快速发展的"黄金期"。

2021 年 3 月，中共中央发布《中华人民共和国国民经济和社会发展第十四个五年规划和 2035 年远景目标纲要》（以下简称《国家规划纲要》），2035 年远景目标中提出"生态环境根本好转，'美丽中国'建设目标基本实现"。土壤生态环境是支撑建成"美丽中国"关键的要素之一，相对水、气环境管理，当前我国对土壤生态环境保护的规划政策还有一定的局限性，土壤生态环境质量改善需要更长远的谋划和长期努力，对工业、农业、交通、固体废物污染防治等各方面污染源的综合、整体和全局性防治要求将更高。未来 15 年是我国土壤污染防治各项任务深入推进、土壤环境修复产业持续快速发展的关键时期。

2035 年"生态环境根本好转"表现在土壤污染防治上，应从当前提出的土壤"安全利用"向"土壤健康"方向转变。在"十三五"和"十四五"时期，我国以问题为导向，从解决污染问题的角度出发，侧重于土壤中污染物的削减、控制和管控。但事实上，土壤作为生态环境的构成内容，其生态功能的恢复并不仅是污染物的削减或者管控，而是土壤中恢复良好的、健康的生态群落和微生物环境，也就是说，土壤健康才是土壤环境综合管理的最终目标。当前国际上"土壤健康"的理论和评价标准也是多样化，我国从国家政策层面上尚未提出"健康土壤"的要求，目前仍然还主要在科研阶段和试点阶段。展望未来，我国土壤从"安全利用"向"土壤健康"转变应是符合国际发展趋势的，也是符合我国"生态环境质量根本好转"的要求的。

从土壤"安全利用"角度来看，未来我国土壤环境管理不断走向成熟的标志主要表现在以下 8 个方面。

（1）我国工业、农业、交通等主要生产领域和行业的绿色低碳发展水平得到明显提升，从源头上不断减少从大气、水体、固体废物等不同环境介质进入土壤环境中的污染物数量和污染物毒性，更加有利于土壤环境保护与土壤污染预防局面的形成。

（2）我国生产、生活等国土空间布局更加科学和合理，更加有利于土壤保护与预防局面的形成。

（3）"山水林田湖草沙冰"等多要素之间的内在关系更加符合自然规律，包括大气、水、固体废物、化学品等在内的多种环境要素的各项环境管理政策制度之间的衔接性和统筹性不断加强，大气—水—土壤—地下水等跨环境介质的污染物协同增效防控更加受到重视，区域性（流域性）跨介质环境综合整治工程项目不断得以实施，将更加有利于对土壤环境的保护、预防和污染防治。

（4）在产企业土壤污染防治意识的普遍提升，在《土壤污染防治法》的法律约束下，全面建立有效的土壤和地下水环境预警、监测、风险管控和修复管理体系，形成富有中国特色的环境预警和风险管控技术与管理体系，数字化、智慧化技术手段也将在预警监测中充分发挥作用，我国在产企业土壤和地下水污染的范围、深度、速度等得到根本遏制，土壤污染预防体系全面有效。

（5）我国土壤污染防治管理体系趋于完善，行业化、区域化的土壤环境管理制度体系趋于完善。土壤环境应急管理体系和应急技术体系在不断发展，总体能适应土壤环境应急管理的现实需要。

（6）农用地安全利用和建设用地安全利用的管控与修复工程技术体系全面建立，绿色、可持续的修复技术体系和装备生产及使用将普及和推广，部分代表性技术水平引领世界水平，一些技术实现国际先进水平行列；科技发展水平将支撑起我国土壤环境根本好转的目标要求。

（7）突出的农用地污染区域全面实现安全利用，建设用地按照准入管理—修复管理和跟踪管理各项制度要求，有序、守法进入管理程序中，全国农用地安全利用率和污染地块安全利用率稳定实现100%的目标要求。

（8）我国土壤环境修复行业链条上各个环节的分工格局将更加合理和符合我国特点，出现一批在世界具有影响力的包含土壤环境修复在内的环境修复产业的龙头企业。

4.3　当前的主要挑战

与欧美相比,我国土壤污染防治的时间并不长。我国土壤和地下水环境污染防治存在以下主要问题和挑战。

(1)我国土壤和地下水环境污染底数仍然尚未掌握,一些新型污染物尚未开展过调查。虽然在"十三五"期间全国组织开展了一次农用地和建设用地土壤污染状况调查,但调查范围不全面、调查精度还有待加强、土壤环境污染规律尚不能完全掌握,同时由于受到调查技术方法和分析检测技术方法的限制,尚不能对污染物进行全面的识别和分析,尤其是一些新型和持久性有机污染物尚不能识别。由于调查信息涉及机密,各个地级市和区县管理部门尚不能掌握,在很大程度上影响了调查数据的分析和应用。底数不清成为土壤和地下水环境管理全面深入推进的主要障碍。

(2)土壤环境作为大气、水、固体废物等污染的重要受体,污染量大面广,土壤(地下水)污染防治的系统性、全局性特征造成污染防治难度大。土壤环境分布范围广,在进行大气污染、水污染、固体废物污染防治过程中,往往一些污染物治理的转移就在不知不觉中进入土壤和地下水环境。造成土壤(地下水)污染的原因是多方面的,形成土壤(地下水)污染的途径也是多样的,当前开展的耕地安全利用、建设用地污染地块土壤(地下水)治理修复等仅是土壤污染体系中的构成内容,并非土壤污染防治的全部。当前正在推动的土壤环境管理和整治工程的实施总体是"就事论事""论污染治污染",多立足于解决当前突出的生态环境问题,尚未从更大的空间尺度去分析土壤污染的多方面、多层次原因,我国土壤污染防治仍缺乏宏观的、系统性和全局性的整治思路和策略。

（3）农业生产投入品的大量使用给农用地安全利用构成很大的威胁，适合我国经济技术水平要求的效果好、经济成本可接受的农用地安全利用技术体系尚不成熟。虽然以化肥和农药为代表的农业生产投入品的农业生产消耗量的增长趋势在"十三五"期间得到了较好控制，但从消耗数量上来看，仍处于高位水平，给农用地土壤污染和土壤健康构成很大威胁，这种威胁的改变需要持之以恒地推动，包括农用生产本身不断地进行绿色低碳转型发展和广大农业生产者生产和消费行为的改变。当前，我国农用地安全利用技术成本仍然较高，这是制约技术推广应用最主要的障碍，技术本身的持续有效性也有待验证。

（4）量大面广的在产企业土壤和地下水环境监测、预警、管控与修复管理和技术尚未在企业内得到全面推广和实施。土壤污染预防非常重要，其中，量大面广的在产企业土壤和地下水环境管理在我国还处于起步阶段，企业对土壤和地下水污染防治的意识和责任总体法律法规的了解程度还很粗浅，自身专业能力非常薄弱，在产企业土壤（地下水）污染风险管控任重道远。

（5）我国土壤污染防治科技水平尚不能完全支撑我国土壤安全利用和健康土壤目标的要求。"十三五"期间我国土壤污染防治技术、装备、材料、自动化研发和专利研发取得了快速进步，但与欧美等国家和地区所实现的精细化、智能化、绿色化水平相比还是有较大差距，自身进步的力度和工程可应用性仍显不足，修复工程资源能源消耗水平、工程效果的不确定性和持续性、工程组织管理水平，以及二次污染防治等方面，还有很大的提升空间，在支撑我国土壤污染防治目标实现方面仍存在较明显的短板。

（6）现行工程中"轻咨询、重工程"的状况是当前土壤修复从业行业发展中存在诸多问题的根本症结之一。现阶段我国污染土壤（地下水）管控与修复工程项目中在前期调查、评估、方案设计阶段的费用和时间上的投入相对较少，一般而言仅占污染地块修复总费用的10%左右，这给修复目标和修复范围的精准确定、工程技术方案的针对性和准确性、工程项目的顺利组织实施等带来了相当大的不确定性和潜在风险，也是造成对修复工程实施过程中变更较为频繁、工期耽误较长的根本性原因，非常不利于修复行业的健康发展。

（7）我国土壤环境修复"标志性"技术和"标志性"工程项目数量尚不多。"十三五"期间我国土壤环境修复工程数量发展较快，但受制于快速修复和利用的现实需求，异位修复、热处理技术、水泥窑协同处置技术发展较快，有利于节能降耗、环境友好和精细化的修复技术发展较为缓慢。2018年开始国家设置的土壤科技专项示范工程和示范技术取得的成果、影响力和可推广性尚待进一步验证，具有标志性意义的修复技术体系和修复工程项目尚未出现。

5

"十四五"土壤和地下水污染修复行业发展展望

　　"十四五"时期，我国将深入推进农用地和建设用地空间调控、污染源头防控、风险管控和治理修复等，坚持源头治理、系统治理、整体治理，更加突出精准治污、科学治污、依法治污，为我国生态文明建设提供更加安全的土壤环境保障。

5.1 　"十四五"发展机遇和驱动力分析

5.1.1 　发展机遇

　　2021 年 3 月，我国发布《中华人民共和国国民经济和社会发展第十四个五年规划和 2035 年远景目标纲要》，该文件主要阐明国家战略意图，明确政府工作重点，引导规范市场主体行为，是我国开启全面建设社会主义现代化国家新征程的宏伟蓝图，是全国各族人民共同的行动纲领。该文件的核心要义是提出了"三新"，即立足新发展阶段，贯彻新发展理念，构建新发展格局。"十四五"时期是我国全面建成小康社会、实现第一个百年奋斗目标之后，乘势而上开启全面建设社会主义现代化国家新征程、向第二个百年奋斗目标进军的第一个五年，这是"新发展阶段"的内在含义。"新发展理念"要求坚定不移地贯彻"创新、协调、绿色、开放、共享"的新发展理念，突出要求是加快经济社会绿色转型和低碳发展。当今世界面临百年未有之大变局，要求加快构建以国内大循环为主体、国内国际双循环相互促进的"新发展格局"，这是新时代发展的必然要求。对"三新"认识是指导"十四五"深入打好土壤污染防治攻坚战、在更高水平上实现"吃得安心、住得放心"目标的重要基础和前提。

国家"十四五"经济社会绿色转型和高质量发展势必要求有更高水平的安全土壤供给保障，这为我国土壤环境保护与修复、土壤环境修复行业持续快速发展提供了非常重要的发展机遇和发展保障，其重要表现在以下两个方面。

（1）我国进入"新发展阶段"，人民群众对包括土壤环境质量和土壤环境安全在内的生态环境质量和环境安全有更高的要求和期待，这是"十四五"深入推动土壤污染综合防治最根本的动力。

（2）经济社会绿色转型和高质量发展的"新发展理念"和以国内大循环为主体、国内国际双循环相互促进的"新发展格局"将加快我国城镇化、工业化、农业化进程和发展水平，促进经济社会空间格局持续优化和调整，一方面这将需要更多、更安全的土地给予保障和支持；另一方面也将产生更多的需要进行修复或者管控的土地，必将进一步拓宽土壤污染防治产业发展空间、强化精细化环境管理需求。

《国家规划纲要》第三十八章"持续改善环境质量"中提出：深入打好污染防治攻坚战，建立健全环境治理体系，推进精准、科学、依法、系统治污，协同推进减污降碳，不断改善空气、水环境质量，有效管控土壤污染风险。其中任务一"深入开展污染防治行动计划"中提出"推进重点流域重污染企业搬迁改造。推进受污染耕地和建设用地管控修复，实施水土环境风险协同防控"。在重大工程项目表中，"土壤污染防治和安全利用"提出了"在土壤污染面积较大的 100 个县推进农用地安全利用示范。以化工、有色金属行业为重点，实施 100 个土壤污染源头管控项目"。该论述表明，"十四五"期间我国深入推进土壤污染防治攻坚战的总体要求是：深入推进受污染耕地和建设用地的风险管控与修复，大力推进"水土共治"，同时在工程项目上，依托 100 个连片的农用地安全利用项目，继续探索和总结中国特色的农用地安全利用技术体系，以及以化工、有色金属行业为重点，实施企业污染减排、在产企业（园区）土壤和地下水污染管控与修复项目等。

表 5-1 是部分省（市）国民经济和社会发展第十四个五年规划和 2035 年远景目标纲要中提出的与土壤、地下水和矿山环境整治方面相关的任务要求。

表 5-1　部分省（市）"十四五"国民经济和 2035 年远景目标纲要中
有关土壤污染防治要求汇总

省（市）	规划内容
北京	推动土壤污染防治立法，完善标准体系，加强对土壤环境监测和数据分析应用。推行秸秆还田、增施有机肥、少耕免耕，逐步提升农用地土壤质量。动态更新本市土壤污染重点监管单位名录，细化电子、制药等重点行业土壤污染源头管控措施。强化未利用地土壤保护，严格控制开发利用。完善关停企业原址用地动态筛查机制，维护建设用地土壤污染风险管控和修复名录动态更新，探索开展绿色低碳生态修复。到 2025 年，土壤环境风险得到有效管控，受污染耕地及污染地块安全利用率达 95%左右
上海	启动新一轮农用地和重点行业企业用地污染状况调查。落实优先保护类、安全利用类、严格管控类耕地分类管理制度，强化受污染耕地的风险防控和安全利用，有序开展污染场地治理修复工程。加强建设用地全生命周期跟踪管理制度，探索"环境修复+开发建设"新模式

省（市）	规划内容
江苏	强化土壤分类管控和源头治理，健全土壤污染状况调查和风险评估体系，建立建设用地土壤污染风险管控和修复名录，加强暂不开发利用地块的风险管控，严格再开发利用地块准入管理，强化农用地安全利用和土壤污染精准管控，建立土壤和地下水环境污染防治联动机制。完善土壤污染防治法规、标准和技术规范，开展土壤污染成因及防治技术攻关，提升防治监管能力。到2025年，受污染耕地污染地块安全利用率均达90%以上
浙江	建立土壤环境全过程风险管控体系，加强农业面源污染防治，因地制宜地开展土壤污染治理修复。建立健全以排污许可制为核心的固定污染源监管制度体系，提升生态环境治理的规范化、精准化、智能化水平
山东	持续实施土壤污染防治行动计划，加强源头管控，严格农用地安全利用和建设用地风险防控，健全土壤环境监测体系，实现土壤环境质量监测点县（市、区）全覆盖，开展固体废物、危险废物、医疗废物集中收集贮存，严厉打击非法收运、转移、倾倒、处理处置等行为，实施节水、减肥、控药一体推进，综合治理工程，推进化肥农药减量化和土壤改良修复，加强农膜污染治理，有效控制农业面源污染
湖南	保护农用地土壤环境，建立涉重金属企业环境风险隐患排查和治理制度，强化农用地分类管理，精准开展污染耕地源头管控和安全利用，实施土壤污染修复工程，持续推进重点区域土壤治理修复，开展土壤污染防治先行区建设，推进矿业转型发展和绿色矿山建设，加强废弃矿山和尾矿库污染的防治，推动郴州市、花垣县国家级绿色矿业发展示范区建设
广东	加强土壤和地下水污染源系统的防控，推进土壤污染风险管控与治理修复，强化重点类别金属污染防治和减排工作，开展受污染耕地土壤安全利用，将已列入全省主要产粮（油）大县耕地和省"菜篮子"（蔬菜水果）基地、培育基地为重点，开展受污染耕地综合治理试点示范

新的时代和新的发展理念决定了在"十四五"期间总体上我国土壤污染防治即将进入一个新的阶段，该阶段具有4个方面的特点，即"责任落实为根本驱动、各项任务全面加快发展、增量与存量污染控制并重、重点补齐短板"。

5.1.2 发展驱动力

结合"十四五"时期我国经济社会发展新特点，以及土壤环境污染防治持续深入推动的需求，土壤环境修复行业深入发展的驱动力主要表现在以下 4 个方面。

（1）环境与经济高质量发展的时代特征将转化为行业发展的重要驱动。"十四五"期间，随着经济社会高质量绿色发展的不断深入，产业结构和产业空间结构持续调整，还会出现一大批腾退出来的污染地块。区域生态环境综合整治的需求在"绿水青山就是金山银山"理念和生态文明建设的时代特征下将会不断涌现。

（2）土壤污染治理体系和治理能力现代化建设的长期需求。《关于构建现代环境治理体系的指导意见》中提出构建"党委领导，政府主导，企业主体、社会组织和公众共同参与的现代环境治理体系"。根据该要求，具体到土壤污染防治领域，应进一步落实污染产生者或者土地使用人的法律责任、社会组织和公众的关注与诉求等都将化为土壤污染防治的正能量，推动土壤污染防治修复产业的持续发展。

（3）"十四五"阶段风险防控的特征与需求更加明显和迫切。"十四五"我国生态环境保护将会把生态环境风险防控放在更加突出的重要位置，各种生态环境潜在风险的预防、治理和应急预案将更加受到重视。污染土壤风险防控是生态环境风险防控的重要组成内容，"十四五"生态环境保护的阶段性特点和总体形势决定了"十四五"必将实现更高水平的污染土壤风险管控率的核心目标，由此继续催生出若干工程项目，以支撑更高目标的实现。

（4）土壤环境监督执法力度的加强将创造新的市场容量。《土壤污染防治法》明确规定了不同责任主体应承担的相应的法律责任。相信"十四五"期间，我国将会开展土壤污染防治方面的专项执法检查并逐步纳入日常监督执法过程，通过纠正违法行为创造新的市场需求。

5.2 土壤（地下水）修复发展展望

5.2.1 政策和标准规范发展趋势

（1）深入推进工业污染源的源头防控、农用地污染成因分析，加大农用地安全利用技术规范的制定。加强不同环境要素之间，尤其是固体废物、农药化肥、废物填埋设施管理对土壤环境的影响，从源头上防控好污染。进一步深入推进污染成因的分析，包括建立污染成因的分析方法，将污染成因的分析与农用地安全利用技术体系的建立密切联系起来，从而在污染源严格管控、降低污染物排放量、保持安全防控距离和分类出台农用地安全利用技术规范等方面建立起一个完整的管理和技术体系。

（2）深入推进建设用地环境管理与国土空间规划、土地开发建设管理之间的进一步衔接和高效管理，不断提高多部门联动防控管理能力。围绕实现土壤环境管理和国土空间规划及土地开发交易管理于一体的"一张图"式管理创新模式所需要的政策、制度的修订制定，以及相应的操作指南、建设规范等将成为"十四五"建设用地土壤环境管理的重点。加强在开展土地综合整治、废弃矿山整治、绿色矿山建设等"山水林田湖草沙冰"整治过程中加强土壤环境保护与修复的要求。更好地协调好目前修复与开发周期之间常出现的矛盾，管理水平及相关支撑能力较强的部分地方管理部门，在遵守土壤污染防治法前提下，充分利用土壤详查"一张图"，合理设定土地规划、利用开发进度、修复工作周期、资金预留量等。

（3）大力开展污染土壤风险管控政策与技术的不断实践、总结、推广与应用，这既符合我国经济社会发展阶段的特点和需要，也可满足我国污染地块安全管控的根本目标。由于目前我国土壤修复技术体系尚不完全成熟，同时土壤修复费用成本较高、代价较大，在"十四五"期间我国污染地块将更多地采取风险管控的策略与技术，而不是采取盲目修复。为此，与污染土壤相关的风险管控政策、风险管控技术将会呈现更高的需求和更快的发展。"十四五"期间国家层面和更多的省（区、市）将会制定风险管控的政策与技术标准。

（4）深入推进分技术、分污染类型的污染地块管控与修复工程项目全过程技术性文件的制定，不断丰富我国的技术体系、经济体系和工程项目组织管理制度体系。"十四五"将进一步区分不同技术类型、不同行业类型的农用地和建设用地修复的工程技术规范、环境监理技术规范和效果评估技术规范，开展不同修复技术的工程设计标准，制定不同技术的工程建设投资标准，包括制定智慧化、精细化修复工程项目组织实施方面的技术规范。

（5）加快推进在产企业（园区）为主要对象的土壤（地下水）污染预防、预警、风险管控与修复政策和技术方法体系的建立与完善。以排污许可证土壤污染预防与管控管理为基础和重要保障，分行业制定在产企业土壤污染隐患排查、自行监测、污染预警方法，制定在产过程中的风险管控和治理修复、持续评估等技术文件，细化在产企业土壤环境管理各项制度的落实，实施在产企业和园区风险管控示范；在开展土壤和地下水调查评估、风险预警监控、风险管控技术与管理综合试点中加快配合的政策和技术文件的制定。

（6）加快污染土壤修复后资源化利用的标准、规范的研究与制定，促进修复后土壤的资源属性的充分发挥，促进修复产业可持续发展。污染修复到位的土壤应作为一种宝贵的资源，并对其进行再次利用。"十三五"期间修复后土壤由于缺乏资源化利用的相关标准，在很大程度上使得修复后的土壤进入水泥窑，形成了再利用单一的局面和问题。"十四五"期间将大力开展资源化利用的相关产品标准和技术规范出台，将土壤的资源属性充分发挥和释放，从而促进修复行业可持续发展。

（7）加快推进土壤污染防治应急管理和技术标准体系的建设。结合本次新冠肺炎疫情突发生态环境应急体系建设的经验和启发，"十四五"我国应高度重视突发土壤环境污染应急处置能力建设，包括现场应急调查各种设备仪器、现场人员防护装备、现场应急监测设备等各种装备的应急储备，同时建设专业化的应急处置技术队伍和专家指导队伍，定期组织应急能力和技能培训，将应急能力建设作为一项重要任务抓紧落实。加快研究和出台相应的土壤污染应急管理政策、制度和相应的技术标准。

5.2.2　发展规模与行业格局态势

2016 年出台的《土壤污染防治行动计划》快速释放了"十三五"时期我国土壤环境修复市场，项目数量和市场规模的增加速度显著。"十四五"时期，我国将持续推动农用地和建设用地土壤安全利用目标和战略，土壤修复行业将迎来其发展的"黄金期"。

按照本书第 2 章关于土壤和地下水修复市场统计口径和方法，预计"十四五"期间，我国传统的土壤和地下水环境修复（不含矿山环境修复）总市场规模在 850 亿元左右，平均每年的市场规模约为 170 亿元。随着我国对咨询服务业的重视和不断规范,预测"十四五"期末我国咨询服务类型项目金额有望占到全国环境修复项目总金额的30%左右,修复工程项目占70%左右。

2020年,国内最早从事修复业务的企业北京建工修复股份有限公司IPO申请获得深交所审核通过。近年来,陕西、辽宁、浙江、江苏、广西、青海、内蒙古和重庆纷纷成立省级环保集团公司,通过并购、整合等方式大力部署土壤和地下水环境修复业务板块。2020年,威立雅环境集团收购江苏大地益源环境修复股份有限公司、中国节能环保集团有限公司收购深圳市铁汉生态环境股份有限公司等并购案,使得修复行业关注度进一步提升,吸引越来越多的企业进入修复行业。在中国建筑、中国交建、中国电建等中央建筑企业加快布局土壤修复的同时,我国两个知名的金融控股央企(光大集团与中信集团)也在土壤修复领域开展了战略合作。2020年年初,修复行业知名上市公司博世科发布公告称,博世科实控人将变更为广州市人民政府。可以预见的是,"十四五"期间陆续成立的省级环保集团以及大型央企国企的不断进入,将在土壤修复从业单位中形成一批综合性的大型骨干企业,这些企业已有的工程经验和综合集成能力,有利于推动土壤修复工程向着标准化、智能化的方向发展,有利于充分发挥技术集成综合能力,带领专业化的工程服务公司共同形成一个优势互补的工程队伍,发挥各自优势,共同提高修复工程质量。与此同时,这些企业多要素的综合业务布局和投融资能力,也会给土壤修复工程项目组织实施模式带来新的机遇,对不断拓展土壤环境修复资金来源进行积极探索,将更加有利于将"山水林田湖草沙冰"等不同要素综合集成,推动量大面广的土壤环境质量的改善。

"十四五"期间，我国在产企业土壤和地下水污染预防、预警、管控与修复市场将成为发展重点，虽然市场上项目资金规模总体不会突出，但此类型项目将在"十四五"期间快速释放，成为一种新兴的项目类型。"十四五"期间，长江经济带、京津冀、粤港澳大湾区、黄河流域等主要省（区），以及"十三五"市场重点省份仍将不断释放工程项目，成为修复市场的热点区域，在这些区域内，化工、石油开采与输送等行业遗留地块的风险管控与修复也将成为值得关注的重点。

5.2.3 咨询服务发展方向

（1）多层次的土壤环境调查体系的建立将进一步释放土壤环境调查市场规模，并建立一套以差异化的调查精度为导向的调查技术体系。"十四五"期间将进一步扩大现有调查市场规模，尤其是尾矿库周边、废物填埋处置设施及周边、在产企业（园区）内部以及周边的土壤和地下水调查、矿区土壤和地下水环境调查等。与此同时，在现有调查技术体系基础上向着科学、合理、差异化、精细化方向发展的污染土壤（地下水）调查技术体系的优化将成为发展趋势，部分原位修复地块和地下水修复地块应开展高精度调查。

（2）精细化土壤环境调查技术和多层次风险评估技术方法将受到重视。"十四五"我国生态环境保护将向着精准治污方向发展，这使得我国土壤环境调查技术将从"十三五"满足最低要求向"十四五"精准和高效的调查方向发展，各种调查技术和设备也将得到快速发展和普及，风险评估技术将向着差异化和精准化发展。

（3）创新土壤治理修复的咨询服务和投融资模式。鼓励大型污染场地积极探索以规划编制为龙头的全过程咨询服务模式，从而在综合性、协调性、可操作性和经济性等方面能更好地进行统筹安排。引进综合咨询服务能力较强、社会声誉较好的单位代表业主开展项目全过程管家式服务，将除工程实施以外的其他服务内容交给项目总管家，由总管家进行项目组织实施的设计，对承担分项任务的单位进行技术指导和技术把关。"十四五"期间，鼓励提供多层次、多样化、综合性服务的机构更多地出现，能够提供多环境问题的综合服务解决方案的服务商将会寻找到更好的市场发展机遇。扫清现有政策障碍，积极为"环境修复+开发建设"模式实施创造条件。如目前一些管理部门提出的必须"净地出让"的要求；明确分阶段效果评估要求；考虑地下水修复和跟踪监测的客观周期较长，对土壤和地下水一体化修复的污染地块退出省级风险管控和修复名录的具体要求作细化规定。加强修复工程设计咨询服务和开发建设规划设计、建筑设计咨询服务之间的联系互动；将修复工程实施与区域土地规划发展密切结合，形成新的投资模式和盈利模式，大力吸引社会资本的投入。

（4）咨询服务和工程服务的比例将不断优化调整。"轻咨询、重工程"的行业发展突出问题随着监管部门不断加强前期环境咨询服务的监督检查及政策上的大力鼓励和倡导得到改观和调整，尤其是大型污染场地的咨询服务和修复工程的资金投入比例，应率先得到改变。将土壤环境调查评估的合同定价机制进行调整，推行工作量制，根据实际发生的采样调查工作量进行合同定价；在大型修复工程中，咨询服务费用、分析检测费用和工程实施费用大致分别朝着20%～30%、10%和60%～70%的比例方向发展，从而将采样、调查和风险评估等土壤环境修复最重要的基础性工作回归，使其应有作用充分发挥出来。

5.2.4 修复工程发展方向

"十四五"土壤和地下水污染修复行业的主要发展方向表现在以下 9 个方面。

（1）绿色低碳与可持续的修复技术和管理体系的转型发展将成为"十四五"时期的根本性和标志性特点。发展绿色可持续修复管理体系是实现我国土壤环境管理和修复产业创新发展弯道超车的历史机遇。绿色修复技术提升和绿色修复评价体系工具的完善对普及绿色修复理念、促进绿色修复实践发挥了重要作用。当前，先进的绿色修复装备、实用的绿色修复材料和一体化的绿色修复技术组合创新应用正引领全球修复行业的主流市场。我国推广绿色可持续修复与风险管理，可以显著地降低治理成本、提高治理效益。在我国土壤修复产业快速发展时期，必须充分借鉴国际经验，加强绿色可持续修复技术装备和评价体系研发推广的引导，这是促进绿色可持续修复的核心需求。

（2）"十四五"土壤污染防治工程项目将更加注重整体性、系统性、精准性等。农用地和建设用地土壤污染防治工程项目将更加注重污染源和污染成因的分析深度，将各种污染源整治、地块整治、预警监测、资源化利用等建设任务有机整合在一起，形成更加综合和系统的解决方案。各种技术手段的应用将更加注重精准性，如开展精细化调查、实施更加科学合理的风险评估、运用更加精准和高效的管控与修复技术、实施更加准确的效果评估和二次污染控制、实施可持续的修复后土壤的资源化利用等。

（3）技术体系更加突出满足快速修复需求的技术发展和绿色低碳技术的发展：适应快速修复所需要的技术与装备，以及绿色低碳修复技术与装备的发展将呈现并重态势。

我国土壤开发建设的一个突出特点就是速度较快,这与国际上污染地块修复有很大的不同。该特点决定了在未来一段时期满足污染土壤能够在较短时间内完成修复的工程技术的现实需求将会持续存在,这将推动我国土壤修复技术在满足快速修复要求下不断地优化与升级。污染治理的过程本身也是耗能的过程,碳达峰、碳中和目标的提出在一定程度上会促进污染治理领域的新工艺、新产品的创新。从长远来看,行业发展初期的高能耗、高排放的修复技术和装备将会受到限制,修复企业在修复方案制定和工艺管理上秉持低碳的绿色可持续修复原则,减少温室气体排放,减少能源和水的利用,降低固体废物和废水排放,维持土地生态系统。修复药剂的加入可能会改变土壤和地下水的理化性质,对周边生态环境造成一定影响;高能耗修复技术可能会造成修复工程碳排放量大等问题。因此,充分利用自然植物修复、土壤中高效微生物修复、土壤中不同营养层食物链的动物修复、基于监测自然衰减的综合生物修复以及采用太阳能资源等来实现污染土壤和地下水的修复,发展绿色、安全、环境友好的土壤和地下水生物修复技术将是未来农用地和轻度污染场地修复工程应用的主要方向。形成具有自主知识产权的技术和装备体系,推动行业高质量的快速发展。

(4)技术协同性:多技术协同联合修复将表现得更加突出。一些污染范围大、异质性强的污染场地往往存在不同性质的污染物、水土同时受污染、修复后土壤再利用方式的空间规划要求不同等情况,单一的修复技术往往很难满足该类场地的修复要求,发展协同联合的土壤和地下水综合修复模式逐渐成为修复工程的应用趋势。在此基础上,物理、化学、生物及耦合修复技术在土壤和地下水修复领域的渗透与应用将会加快修复设备研发与修复材料生产的发展。开发与研制集成化、一体化修复装备是土壤和地下水修复装备发展的重要方向。研发和规模化生产绿色环保的重金属固化/稳定化药剂、有机污染物化学修复药剂、微生物菌剂、微生物营养剂等是未来修复材料行业发展的重要趋势。

（5）更加注重全面的风险管控：风险管控与持续的跟踪监管技术将得到快速发展。2016 年 4 月公布的《2000—2013 年英国污染场地治理回顾报告》统计了 511 个治理的污染场地，其中 68%的污染场地采用了风险管控技术。根据美国超级基金年度报告统计数据，1982—2014 年、2012—2014 年、2015—2017 年启动的污染场地治理项目中，采用风险管控技术的项目比例分别为 22%、54%、58%。从国际污染场地治理发展趋势来看，随着修复行业的发展成熟，人们对污染场地的复杂性有了更深入的了解、对各类治理技术的局限性有了深刻的掌握，大家逐渐认识到，污染场地治理是一个系统工程，单纯地对某个污染场地进行彻底完全的修复并不是解决污染场地安全利用的最佳途径，只有通过风险管控将污染物对人体健康的危险或环境风险降低至安全可控的范围，才是实现污染场地安全利用的有效途径。

《土壤污染防治行动计划》提出了"预防为主，保护优先，风险管控"的土壤污染治理原则，《土壤污染防治法》进一步强化了该理念，2018 年至今，国家和地方政府相继发布的系列技术标准、导则、指南等为污染场地的风险管控提供了技术和管理支撑，已经初步形成了我国污染场地风险管控制度和标准体系。对标其他国家在污染场地风险管控方面取得的成果，随着政府和民众对污染场地风险管控理念逐步了解，对污染场地进行风险管控和持续的跟踪监测将逐渐被社会和公众接受，相关的技术也会得到快速发展。

（6）智能化、一体化的装备生产制造是未来发展趋势之一。《中国制造2025》明确提出"建立智能制造产业联盟，协同推动智能装备和产品研发、系统集成创新与产业化""着力发展智能装备和智能产品""加快开展物联网技术研发和应用示范"。土壤和地下水修复装备的发展也将以智能化、模块化、轻量化、低碳化为发展趋势，提高修复装备在线收集信息、自主学习和智能决策以及精准化实施能力，形成面向土壤和地下水修复的智能化、信息化的整体解决方案。例如，可以进行场地基础信息采集、传感与综合分析的采样机器人；智能无损监测装备、原位快速检测传感器及设备、环境污染预警装备；模块化、智能型、低能耗、集约型的土壤淋洗、热脱附、生物修复装备；可实现精准定位、精准注入、分层注入的装备；污染场地修复全过程数字化、智能化、可视化信息管理设备等。

（7）大数据环境监管：基于大数据的土壤环境监管技术将得到快速发展。尽管经历了近20年的快速发展，但我国的土壤污染防治工作目前仍处在行政手段为主、配套监管政策和措施零散不健全的初期阶段，环境监管技术现代化水平低，土壤环境监管的缺陷已经显露出来。目前，我国已经建立了全国污染地块土壤环境管理信息系统、全国农用地土壤环境管理信息系统、全国工矿用地土壤和地下水环境管理信息系统，初步形成了基于大数据的土壤环境监管系统框架，但尚缺少与之配套的智能化、可视化、信息化、实时化的数据挖掘、分析工具。未来，基于大数据的土壤监管技术研究将重点集中在以下几个方向：构建土壤和地下水环境大数据集合，搭建集场地信息收集与展示、实时监测与预警响应为一体的污染场地大数据管理系统；对土壤与地下水大数据进行深度挖掘，指导土壤环境的量化管理和多主体跨介质协同治理；建立农用地土壤监测数据与农产品监测数据精准关联的数字化溯源网络。

（8）土壤环境修复将更加注重与区域土地综合整治、"山水林田湖草沙冰"综合整治等区域性整治的融合，将向更加综合的环境修复方向发展，从业企业将更加注重合作与协同发展。从我国国情出发，土壤修复行业只有与土壤环境修复和区域土地综合整治、"山水林田湖草沙冰"综合整治这些国家重要政策密切联系起来，才能有更好的可持续发展的驱动能力和投资能力。当前我国环保产业表现出来的大型央企、国企通过并购、投资等方式不断重组和提高行业集中度的趋势显著，这也是大型央企、国企涉足土壤环境修复的重要方式。未来将土壤、地下水、固体废物、矿山环境修复等进行融合的综合性环境修复企业的出现将越来越明显，既有修复行业链上专注于某一领域发展的专业性公司将继续深耕专长领域的发展，同时综合性修复公司与专业性较强、专长于某一领域发展的公司之间的合作和协同发展态势将更加显现。

（9）部分地区将开展土壤修复工厂试点。为有效解决场地修复周期长与土地再开发之间的时间冲突，开展区域性污染土壤集中修复工厂建设运营试点是"十四五"期间构建污染场地可持续管理体系的突破之一。在污染场地相对集中、土地开发需求旺盛的大城市，建设集约型的土壤修复工厂，将其作为区域性污染土壤集中修复和处置设施，一方面可以较好地解决服务范围内污染土壤的集中处置，为地块较快进入开发建设提供较好的解决方案；另一方面可以促进土壤修复工艺装备的不断改进升级和优化。

5.3 矿山环境修复发展展望

5.3.1 咨询服务发展方向

"十四五"矿山环境修复咨询服务将呈现以下两个方面的特点。

（1）全方位矿山生态环境调查体系的建立将进一步规范市场行为并扩大市场规模。"十三五"期间，全域土地综合整治、地下水污染防治工作推进、2020 年《固体废物污染环境防治法》的修订实施、"清废"行动，以及重点区域生态修复等间接地加速局部地区和领域矿山环境调查市场需求的释放。但由于矿山开采项目涉及场地较多，调查项目往往只针对其中某个场地进行，调查主体及内容较分散，中标单位往往是多家，且技术水平参差不齐。"十四五"期间将进一步整合矿山环境调查主体，将矿山开采区所包含的采场、选厂、尾矿库、废石场、老窿硐、裸露边坡、塌陷地等属于一个矿区内的对象整合为一个整体，统一作为矿山环境调查的主要内容，由一家单位牵头多家单位合作的模式来全方位地进行矿山环境污染调查，规范市场行为，集中优势力量，解决关键矿山环境问题。这将进一步扩大矿山环境调查市场的规模，统一调查步伐，为下一步的矿山生态环境修复打下牢固的基础。

（2）多学科多领域协同调查技术和分级分类风险评估技术将越来越多地应用于矿山环境修复领域。"十四五"期间矿山生态环境的污染调查，将结合生态学、水文学、地质学、材料学等多学科领域的新理论新研究，协同采用生态功能多样性调查技术、水文地质调查技术、地质灾害调查技术、测绘技术、无人机精准航拍技术等"天地一体化"手段对整个矿山开采区进行统一有效的多方位协同调查。对于矿山环境的污染程度，将进一步进行分类分级，采用越来越完善的风险评估手段，对各个调查对象进行风险分级，然后基于各场地污染特征及风险特征提出对应的防治方案，构建"一场一策"（高治、中控、低防的分级防治、精准治理措施）综合防治方案，为矿山生态环境修复的优先性和差异性提供参考。

5.3.2 修复工程发展方向

"十四五"矿山环境修复工程将呈现以下 4 个方面的特点。

（1）绿色低碳可持续的矿山生态环境修复技术与装备的发展将成为"十四五"期间的热点和标志。"十三五"期间，矿山生态环境修复技术处于起步阶段，主要以粗放、简单、单一、有效的修复技术为主，逐步探索矿山修复的有效途径。"十四五"期间，将进一步发展更加有效的绿色低碳可持续的修复技术，包括改进的立体生态护坡技术、微生物修复技术、自然生态一体化技术、矿山复合污染扩散阻隔技术等，进一步加大矿山环境修复方面的科研投入，提高技术转化率，并进一步提高设备国产化水平，更好地服务于我国碳达峰、碳中和目标，并形成矿山生态环境修复绿色低碳技术和装备的示范矿山，为我国绿色矿山技术的推广做好标志性的服务。

（2）高效低能耗的智能化装备将是矿山生态修复的发展趋势。"十四五"期间将着力发展矿山生态修复的智能化装备和产品，在高陡边坡覆绿、景观重塑、植被恢复、土壤重构等矿山生态环境修复领域将以智能化、绿色化为发展趋势，结合多技术协同修复、短周期修复，以智能化产品的信息判断、对比优化等能力，形成最佳矿山生态修复方案。发展制造危险地段采样机器人、自动修复机器人、污染预警及应急处置自动化装备等，为我国智能化矿山、绿色低碳矿山以及全方位修复手段的发展提供力量。

（3）更加注重社会、经济、环境的联合效益，突出人与自然的关系。对以往的矿山环境修复，以经济效益或环境效益为主，其驱动力主要来源于法规政策以及地方政府和生态环境主管部门的监督检查。"十四五"期间，随着政府、企业、个人的环保意识增强，全民环保已成为基本趋势，各大企业或历史老矿山都将走出一条绿色转型发展之路，使以前污染严重的矿山开采区变成矿山公园或绿色生态园，从碧水、蓝天、净土各个维度呈现出生态综合效益。努力开拓矿山环境生态化、开采方式科学化、综合利用高效化的矿山管理新思路。实现矿山规范管理，边生产边治理，打造真正意义上的绿水青山。使矿山生态环境修复从管理制度到开采过程中的修复，都体现出经济发展与环境保护、民生与环境、人与自然之间的协调发展。

（4）新的矿山生态环境修复引资模式将进一步发展，并引领市场方向。"十四五"期间，矿山生态环境修复在治理资金方面，除基金制度体系、责任险试点、生态环境损害赔偿等实践以外，也逐渐加大对"矿山生态环境修复+"模式探索，通过将矿山生态环境修复与其他业务相结合的方式，推动实现生态环境资源化、产业经济绿色化，进一步扩大社会资本参与矿山生态环境修复业务的积极性。主要包括两个方向：一是与土地利用相结合，贯彻"绿水青山就是金山银山"理念，通过赋予土地使用权等激励政策以解决矿山生态环境修复缺乏资金来源渠道、投入不足、环境效益难以转化为经济收益等问题，同时提高再开发利用效率，如对矿山生态环境的"环境修复+开发建设"模式、矿山的土地综合修复利用模式以及近期生态环境部、国家发展改革委与国家开发银行推动的生态环境导向的开发模式（"EOD模式"）试点等。二是与资源化利用相结合，如污染土地资源化、修复植物资源化等，并将进一步探索制定有关标准规范，以提升矿山生态修复的营利性。

综上所述，矿山环境修复市场在"十四五"期间将有更大的空间。对"系统治理+开发"需求将提升，土壤环境安全与土地开发、生态环境的结合将更加紧密，水、气、土、固联防共治，"山水林田湖草沙冰"共治，"修复+开发"等"系统治理+开发"模式将为矿山生态环境修复带来新的增长点。矿山生态环境修复市场对精细化、绿色高效技术研发应用的需求不断提升，包括低成本、绿色高效和可持续的原位水土共治、风险管控及配套的监测管理、在产矿山修复、技术耦合等，能够在技术中得到突破的企业将占领发展新高地。

5.4 国际化发展趋势

土壤和地下水污染修复行业实现国际化发展是未来的重要趋势，主要表现在以下几个方面：一是土壤和地下水国际交流的日趋全球化必然推动行业的国际化发展；二是土壤和地下水修复技术创新的发展需求，目前，我国在修复技术上的总体水平还与国外发达国家存在不小差距，大量修复技术严重依赖国外，技术方面的相对落后和技术人才短缺也促进了行业的国际化发展；三是修复市场的国际化发展，近年来，我国不少修复企业走出国门，承担了不少国外的场地修复项目，如越南岘港机场的修复实施工程等，同时，国际上一些大型的修复行业企业也纷纷来中国开拓市场，承担了部分修复环境咨询的相关工作。因此，我国土壤和地下水污染修复行业的国际化发展趋势不可避免。

结合全球土壤和地下水污染修复行业的动态及未来趋势，我国土壤和地下水污染修复行业的国际化发展方向主要表现在以下几个方面。

（1）加强国际的技术交流与沟通，提升我国修复行业企业的自主创新能力和水平。

（2）结合国际修复行业发展的总体趋势和结构特征，我国企业应实施"走出去"战略，积极承担相关的海外修复项目。

（3）我国的土壤和地下水修复任务重，技术水平相对不高，因此应根据我国的国情和实际，在相关的法律与制度框架下，实施"引进来"战略，让国际上知名的相关企业团队参与到相关的修复项目或环境咨询中来，提高相关的项目管理水平和技术示范。

参考文献

[1]   USEPA. Superfund Remedy Report（16th Edition），in：EPA-542-R-20-001（Ed.），United States Environmental Protection Agency，Washington D.C.，2020.

[2]   USDoE. FY 2022 Congressional Budget Request：Environmental management，in，Office of Chief Financial Officer，Department of Energy，2021.

[3]   陈卫平，谢天，李笑诺，等. 欧美发达国家场地土壤污染防治技术体系概述[J]. 土壤学报，2018，55：527-541.

[4]   R.P. Taylor. A Review of Industrial Restructuring in the Ruhr Valley and Relevant Points for China，in，Institute for Industrial Productivity，Washington D. C.，2015.

[5]   S.S. Suthersan，J. Horst，M. Schnobrich，et al. Mcdonough，Remediation Engineering - Design Concepts Second Edition，Remediation Engineering - Design Concepts Second Edition，2017.

[6]   UKEA. Dealing with contaminated land in England，in，United Kingdom Environmental agency，London，2016.

[7]   中国环境保护产业协会. 土壤与地下水修复行业发展报告. 中国环境保护产业协会，2018.

[8]   P. Panagos，M.V. Liedekerke，Y. Yigini，et al. Contaminated Sites in Europe：Review of the Current Situation Based on Data Collected through a European Network[J]. Journal of Environmental and Public Health，158764（2013）1-11.

[9]   CISION. Global Markets for Environmental Remediation Technologies，in，New York，2017.

[10]   D. O'Connor，X. Zheng，D. Hou，et al. Phytoremediation: Climate change resilience and sustainability assessment at a coastal brownfield redevelopment[J]. Environment International，2019，130.

[11]   Green L. T. Evaluating predictors for brownfield redevelopment[J]. Land Use Policy，2018，73: 299-319.

[12]   A. Alberini，A. Longo，S. Tonin，et al. The Role of Liability，Regulation and Economic Incentives in Brownfield Remediation and Redevelopment: Evidence from Surveys of Developers[J]. Regional Science & Urban Economics，2005，35: 327-351.

[13]   USEPA. The Remediation Technologies Development Forum in，United States Environmental Protection Agency，Washington D.C.，2006.

[14]   D.E. Ellis. Sustainable Remediation White Paper—Integrating Sustainable Principles，Practices，and Metrics Into Remediation Projects[J]. Remediation Journal，2010，19.

[15]   D. Hou. Sustainable remediation of contaminated soil and groundwater: Materials，processes，and assessment，Butterworth-Heinemann，2019.

[16]   U.S.ITC. Environmental and Related Services，in，United States International Trade Commission，Washington，D.C.，2013.

[17]   Y. Ernst. Study on Eco-industry，its size，employment，perspectives and barriers to growth in an enlarged EU，in，European Commission DG Environment，European Commission，2006.

[18]   ENR. 2019 Top 200 Environmental Firms（https: //www.enr.com/ toplists/2019-Top—200-Environmental-Firms-1），in，2019.

[19]   ESDAC. Progress in the management of contaminated sites in Europe（https: //esdac.jrc. ec.europa.eu/content/progress-management-contaminated-sites-europe-0#tabs-0-description=1），

in，European Soil Data Centre.，2013.

[20] U.S. EPA. Remediation Technologies for Cleaning Up Contaminated Sites，in，United States Environmental Protection Agency，Washington D.C.，2020.

[21] R. Ltd. Combined substrate injection under a derelict factory，https：//regenesis.com/en/project/in-situ-treatment-of-chromevi-plume-in-fast-flowing-aquifer-nw-italy/，in，2005.

[22] CDPHE. History of Rocky Mountain Arsenal，Rocky Mountain Arsenal Information Center，in，Colorado Department of Public Health and Environment，2019.

[23] 张进德，郗富瑞. 我国废弃矿山生态修复研究[J]. 生态学报，2020，40（21）：374-383.

[24] 杨金中，许文佳，姚维岭，等. 全国采矿损毁土地分布与治理状况及存在问题[J]. 地学前缘，2021，28（4）：83-89.

[25] 涂婷，王月，安达，等. 赣南稀土矿区地下水污染现状、危害及处理技术与展望[J].环境工程技术学报，2017，7（6）：691-699.

[26] 王小玲，郭慧，姜帆. 离子型稀土矿的采矿工艺对地质环境的影响分析[J]. 科技经济导刊，2018（4）：101-102.

[27] 万广越. 赣南某离子型稀土矿土壤质量退化特征及修复[D]. 南昌：江西农业大学，2017.

[28] 吕贻峰，曹金绪，王占岐. 磷矿山环境污染的形成与防治[J]. 矿产保护与利用，2002（6）：10-15.

[29] 韩雪冰，王笑峰，蔡体久. 石墨尾矿库及周围土壤重金属污染特征与评价[J]. 黑龙江大学工程学报，2011，2（2）：58-62.

[30] 李海英，顾尚义，吴志强. 矿山废弃土地复垦技术研究进展[J]. 矿业工程，2007（2）：30-32.

[31] 胡振琪. 我国土地复垦与生态修复30年：回顾、反思与展望[J]. 煤炭科学技术，2019，47（1）：30-40.

[32] 关军洪, 郝培尧, 董丽, 等. 矿山废弃地生态修复研究进展[J]. 生态科学, 2017, 36 (2): 193-200.

[33] 赵方莹, 孙保平, 张洪江, 等. 矿山生态植被恢复技术[M]. 北京: 中国林业出版社, 2009.

[34] 沈烈风. 破损山体生态修复工程[M]. 北京: 中国林业出版社, 2012.

[35] 张莉, 王金满, 刘涛. 露天煤矿区受损土地景观重塑与再造的研究进展[J]. 地球科学进展, 2016, 31 (12): 1235-1246.

[36] 石玉青. 金属非金属矿山 (含尾矿库) 生态环境修复技术实践与应用[J]. 中国资源综合利用, 2018, 36 (4): 141-143.

[37] 李剑韬, 叶汉逵. 矿山污染生态修复技术[J]. 湖南林业科技, 2018, 45 (2): 66-70.

[38] 胡亮, 贺治国. 矿山生态修复技术研究进展[J]. 矿产保护与利用, 2020 (4): 40-45.

[39] 王禹, 黄磊. 矿山生态的环境问题及地质修复[J]. 清洗世界, 2021, 37 (2): 2.

[40] 胡晓琳. 矿产资源开发生态环境修复法律制度研究[D]. 石家庄: 河北经贸大学, 2020.

[41] 刘慧芳, 王志高, 谢金亮, 等. 历史遗留废弃矿山生态修复与综合开发利用模式探讨[J]. 有色冶金节能, 2021, 37 (2): 4-6, 15.

[42] 刘阳生, 李书鹏, 邢轶兰, 等. 2019 年土壤修复行业发展评述及展望[J]. 中国环保产业, 2020 (3): 26-30.

[43] 王倩倩, 王大祥. 土壤重金属污染治理存在的问题及对策[J]. 河南科技, 2019 (34): 147-149.

[44] 刘少君, 刘博. 矿山生态修复研究综述[J]. 世界有色金属, 2019 (10): 170-171.